365日輕食感溫甜磅蛋糕

高石紀子

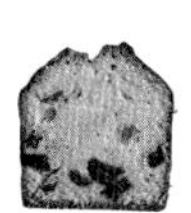

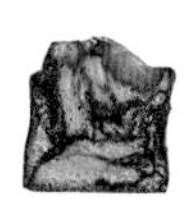

瑞昇文化

本書使用方式

- 材料份量基本上是使用18cm磅蛋糕模型製作一個磅蛋糕。雖然有些食譜會使用其他形狀的模型，但若使用18cm磅蛋糕模型也是相等的分量及烘焙時間。
- 材料份量皆為淨重。雞蛋、水果、蔬菜等全部都是去殼、皮、種子等不需要使用的部分之後才秤量調理。
- 檸檬及柑橙等柑橘類請使用無收穫後農藥之種類。
- 食譜名稱後使用英文字母（[Q]、[G]、[H]、[S]）標示出麵糊種類。麵糊詳細製作方式請參考該麵糊的「基本麵糊」頁面（P.10～15）。
- 本書當中使用的材料以及工具請參考P.6、7。模型以及相關前置準備請參考P.8、9。
- 「常溫」指約18℃。
- 烤箱使用的是蒸烤箱。烘焙溫度及時間會因為機型不同相異，請在烘焙時確認麵糊的樣子。如果烤箱的火力太弱，就將烘焙溫度提高10℃。
- 書中使用的微波爐為600W；鍋子為不鏽鋼製。
- 1大匙為15ml；1小匙為5ml。

Automne　口味豐富秋季蛋糕

Hiver　歡欣冬季蛋糕

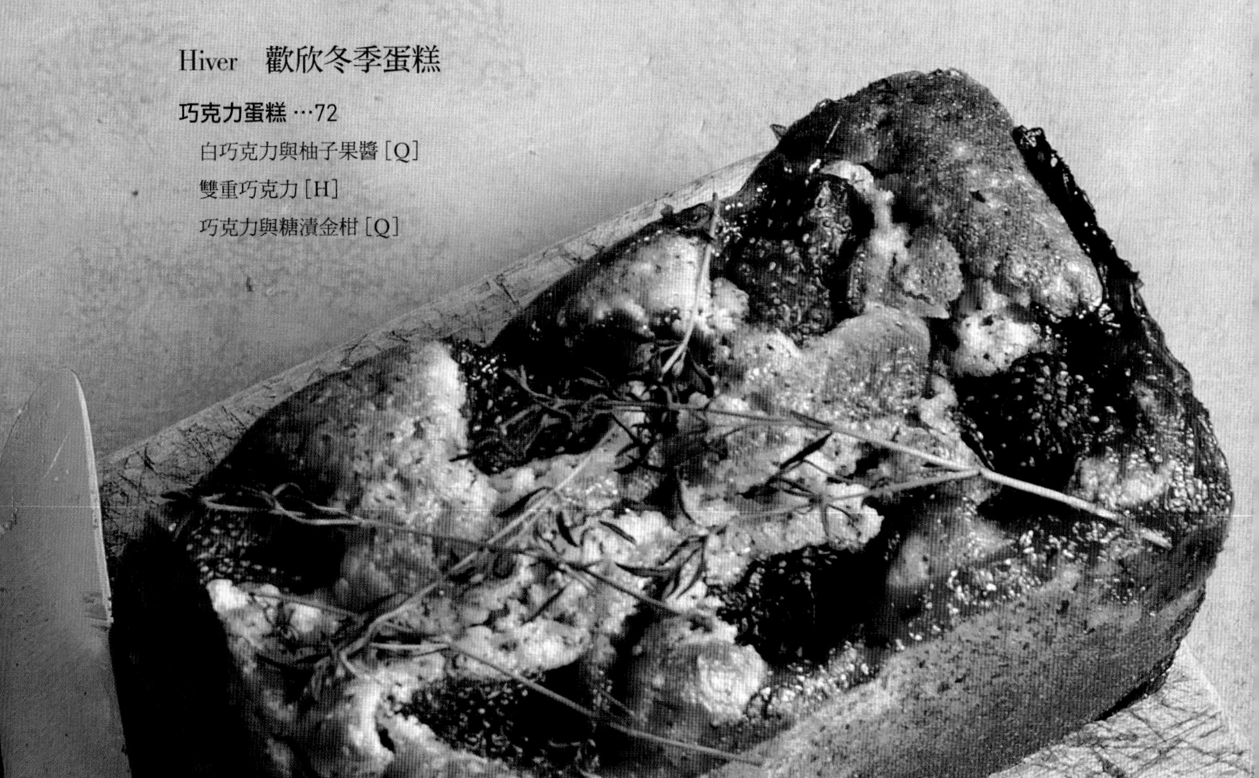

Introduction

序言

當初我辭掉了工作許久的洋菓子店以後，正想著接下來該如何是好呢？首先著手做的就是磅蛋糕。在我開始獨立營業而打造的網頁上，我的蛋糕業績漸有起色，每個月我都思考新的口味並添加到目錄上，結果現在就有68種食譜可以介紹給大家。那個時候光是要想出一個新口味就耗盡我的心思，現在我自己也覺得很吃驚。

那時候會選擇磅蛋糕，正是由於其非常容易混搭的魅力。只要用磅蛋糕麵糊搭配當季的材料，就會創作出一種全新的美味。這種包容力以及泛用性，是磅蛋糕才能做到的。依據季節排列食譜順序的本書，希望能讓大家除了在烘焙點心旺季的秋冬以外，能夠整年都開心享用磅蛋糕。

構成磅蛋糕的主要材料有四個：奶油、砂糖、雞蛋、粉類。由於材料並不多，因此只要挑選優良產品、細心製作，就算在家裡也能夠做出不輸專家的可口蛋糕。為此我會盡可能特別仔細解說製作上的重點。只要多花一點功夫，完成度就能有戲劇化的轉變。保存期限較長、可以在常溫下放置、適合作為贈禮這幾點，對於製作者來說也是再好不過。

我的食譜特徵是輕巧的口感以及溫和的甜味。這本書當中我會根據內餡調整四種麵糊的材料比例，舉例來說磅蛋糕麵糊當中雞蛋的比例只要少一點點，就能夠做得微甜而蓬鬆軟綿。我也對烤好時的美觀度非常講究。有一種情況叫做「凹摺」，就是烤好以後側面向內凹的情況，為了避免此種情況我也會稍微調整材料比例。

磅蛋糕樸素卻又深奧，是我做為甜點師的起點。在這條做蛋糕的路途上，我就像是在學習製作點心可能性的幸福。希望這種想法多多少少能夠傳遞給大家，讓大家也能享受這種喜悅，就是我最高興的事情了。

高石紀子

Ingrédients

基本材料

1_低筋麵粉

我使用的是能夠打造出輕盈口感的點心專用「Super Violet（日清）」。用「Violet（日清）」也可以，不過若是做「基本麵糊②海綿蛋糕」，我還是比較推薦「Super Violet」。「Flower（日清）」會改變口感，請盡可能避免使用。

2_奶油

磅蛋糕又被稱為「奶油蛋糕」，可見奶油的品質有多麼重要。可以的話請使用發酵奶油（無鹽款）。這樣會有清爽的酸味，能讓成品口味豐富。當然使用普通的奶油（無鹽款）也沒什麼問題。

3_雞蛋

使用M尺寸（淨重50g）的雞蛋。本書當中基本上是以2顆雞蛋作為材料比例標準。畢竟雞蛋大小會有些不同，不過一個誤差在±5g左右就沒什麼問題。請盡可能選擇新鮮一點的雞蛋。

4_細砂糖

使用不帶特殊口味的細砂糖。甜點用的細緻款能夠輕鬆混進麵糊當中。也可以使用上白糖製作，但這樣很容易烤焦，導致味道與口感變差，因此不太推薦。

5_發粉

讓麵糊膨脹、烤得蓬鬆的粉末。「基本麵糊②海綿蛋糕」會靠打發的雞蛋讓麵糊膨脹起來，因此基本上並不會使用。本書當中使用無鋁發粉。

6_鹽；粗磨胡椒粒

「基本麵糊④鹹蛋糕」當中會用到。推薦使用蓋朗德地區等地的粗鹽。

7_起司粉

「基本麵糊④鹹蛋糕」當中會用到，為麵糊添加風味及鹹度，讓口味具備整體性。在某些食譜當中會使用不同類型的起司。

8_沙拉油

在「基本麵糊③油麵糊」、「基本麵糊④鹹蛋糕」當中會以沙拉油取代奶油。如果使用不容易氧化的白芝麻油或者米油，那麼保存期限會延長大概一天。橄欖油不適合用來製作磅蛋糕。

9_牛奶

主要使用在「基本麵糊③油麵糊」、「基本麵糊④鹹蛋糕」當中。一般牛奶就可以了，但請避免使用低脂或者無脂牛乳。

10_高筋麵粉

使用圓蛋糕模型或者花朵模型的時候，在模型上塗好奶油要先灑高筋麵粉。使用容易買到的「Camellia（日清）」等就OK了。

基本工具

1_大碗
製作麵糊用的大碗建議使用直徑20cm並有一定深度的不鏽鋼大碗。也可以準備幾個小一點的，用來隔水融化奶油、巧克力，或者製作糖霜的時候都很方便。

2_萬用濾網
用來篩粉類或者糖粉。雙層網由於很容易塞住，因此並不建議使用。

3_攪拌機
不同機型的力道也會有差異。食譜當中的攪拌時間只是個大概，請務必看著麵糊的狀態來判斷攪拌情形。「基本麵糊④鹹蛋糕」不會使用攪拌機。

4_打蛋器
鋼線數目多、穩固的不鏽鋼製品比較好用。主要是「基本麵糊④鹹蛋糕」當中會使用。也會與長筷一同使用。

5_橡膠刮刀
攪拌麵糊的時候，使用具韌度又容易攪拌的耐熱矽膠製品比較方便。如果有小支的就更棒了。製作焦糖時由於容易染色，可以使用木製刮刀。

6_烤盤紙
經過特殊加工，可以耐熱、油及水分的墊紙。為了避免麵糊沾黏在模型裡面，要先鋪上烤盤紙。

7_刷子
在蛋糕烤好的時候用來在表面塗上利口酒或者糖漿（imbiber澆淋）。有尼龍或者矽膠製等不同類型的刷子。尼龍製品很容易沾附各種味道，使用後請仔細清潔風乾。

關於模型

18cm
磅蛋糕型

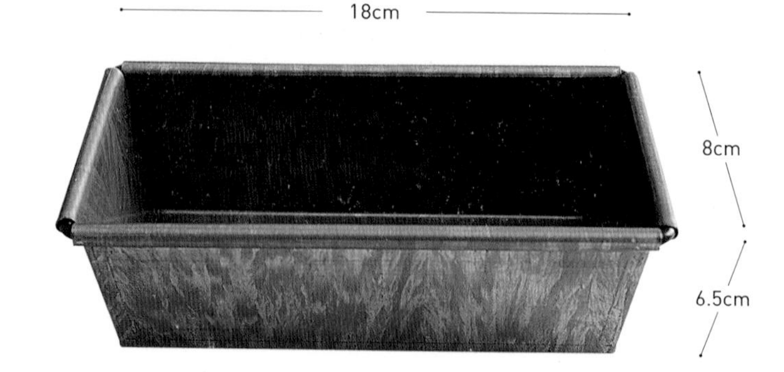

・本書中的食譜全部都是以18cm磅蛋糕模型一個的份量來搭配材料。
・若使用15cm磅蛋糕模型則可做兩個。
・食譜當中若使用圓蛋糕模型、花型模型，也可以相同分量的材料及同樣的烘焙時間以18cm磅蛋糕模型製作。
・本書使用的是吉田菓子道具店的「獨家磅蛋糕模型」。材質為馬口鐵。

【鋪烤盤紙的方法】

1　取下30×25cm左右的烤盤紙，將模型放在紙張中央。配合短邊底長稍微摺一下烤盤紙留下摺痕ⓐ。拿起模型之後配合摺痕將紙摺好ⓑ。長邊一樣先壓出摺痕以後ⓒ，再完全摺好ⓓ。
2　將紙張放進模型比對，超出模型的部分摺好以後用美工刀裁掉。
3　如照片標出的四處切開ⓔ（切開的位置稍微超出摺痕ⓕ）。
4　先抓起長邊、再抓起短邊，放進模型當中ⓖ。用手指壓緊角落以免紙張浮起ⓗ。

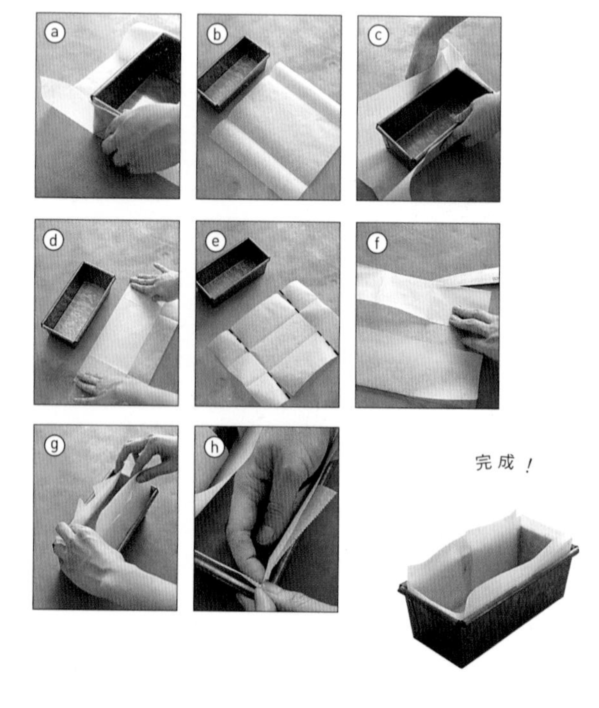

【倒入麵糊前】
在模型長邊沾上少量麵糊當作糨糊，先固定好烤盤紙會比較容易倒麵糊。

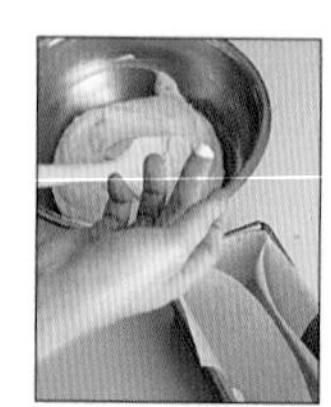
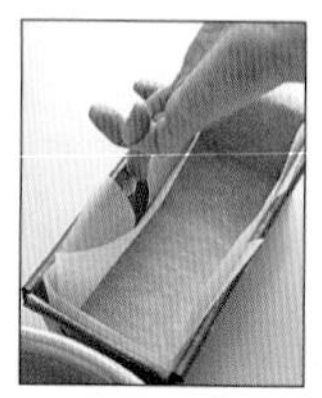

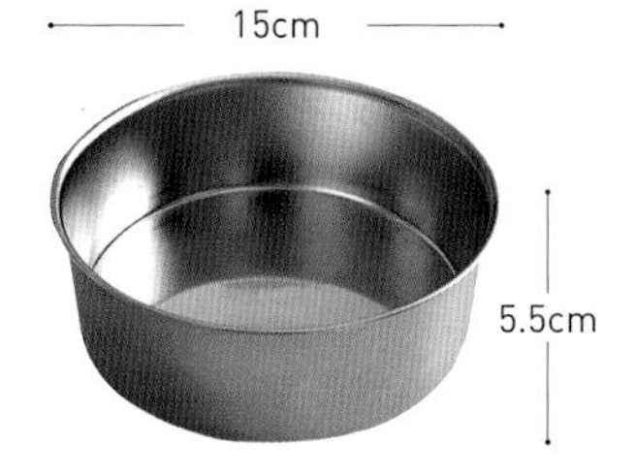

15cm圓型（底取）

- 底部可以取下的不鏽鋼製產品。
- 可與18cm磅蛋糕模型以相同分量及烘焙時間製作。
- 使用底部可取下的模型，在脫膜時會比較輕鬆。

【鋪烤盤紙的方法】

1 稍微刷一點常溫下膏狀的奶油在底面與側面會與麵糊接觸的地方，薄薄一層即可ⓐ、把底部裝好。
2 取下18cm左右長度的烤盤紙ⓑ，對摺ⓒ。再對摺以後ⓓ斜角對摺兩次ⓔⓕ。保留比模具半徑長1cm左右，用剪刀剪出弧度ⓖ，剪兩道約1cm的切口ⓗ然後展開鋪在模具底面ⓘ。
3 將烤盤紙比模具高1cm稍微摺好，然後裁第二張烤盤紙。摺好以後用刀子等裁開ⓙ，沿著側面貼好ⓚ。

ⓐ

ⓑ

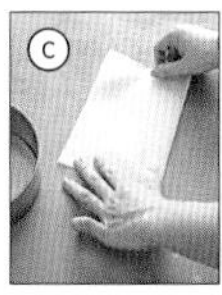
ⓒ

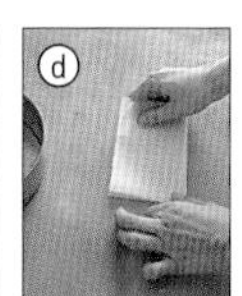
ⓓ

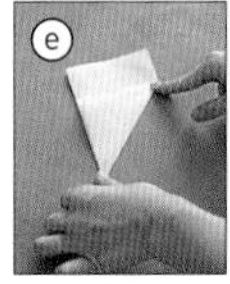
ⓔ

ⓕ

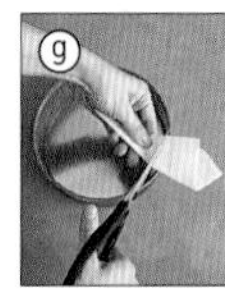
ⓖ

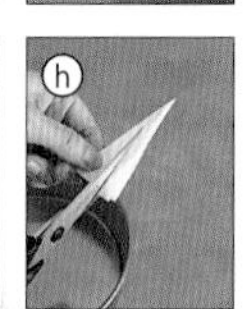
ⓗ

ⓘ

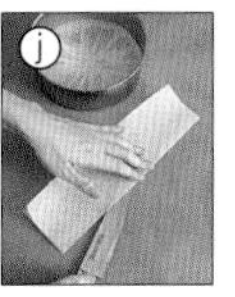
ⓙ

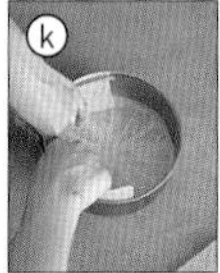
ⓚ

完成！

圓蛋糕型

14cm

8cm

- 這是法國阿爾薩斯地區的烘焙點心圓蛋糕會使用的模型，特徵在於有波浪狀的設計。
- 相同分量可以使用18cm磅蛋糕模型製作，不過有時候會因為內餡的量而使麵糊稍微滿出來，建議使用小鍋來分裝（詳細請參考P.95）。
- 因為這種模型無法鋪烤盤紙，因此必須事先抹好奶油並灑粉。

【事前準備】

1 讓奶油在常溫下恢復為膏狀。以刷子沾取適量奶油，由下至上刷滿底部、側面、突起部分ⓐ。
2 放2杯左右高筋麵粉進去。傾倒模型並旋轉且輕輕敲打外側，讓粉末能夠沾滿整個內側ⓑ。
3 再放兩杯高筋麵粉到突起處，以相同方式灑滿粉末。
4 最後將模型翻轉過來，在檯面上敲兩三次，敲落多餘的粉末ⓒ。

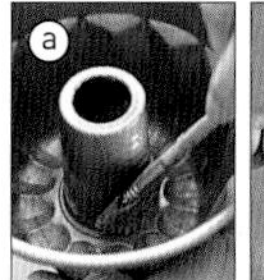
ⓐ

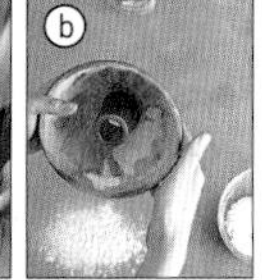
ⓑ

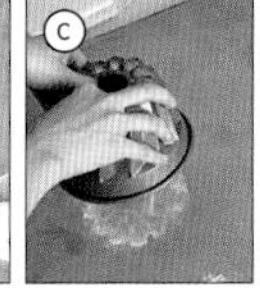
ⓒ

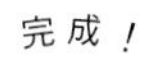

花型

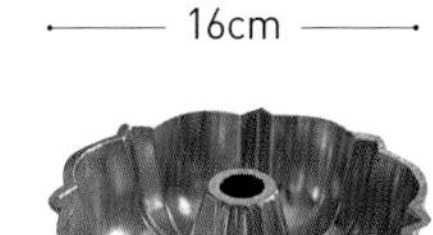

- 可以烤出盛開花朵的形狀。
- 法國及美國似乎有非常多人使用這種模型來製作。
- 相同分量的材料用18cm磅蛋糕模型製作。
- 需要和圓蛋糕模型做相同的事前準備。

【事前準備】

1 讓奶油在常溫下恢復為膏狀。以刷子沾取適量奶油，由下至上刷滿底部、側面、突起部分。
2 放2杯左右高筋麵粉進去。傾倒模型並旋轉且輕輕敲打外側，讓粉末能夠沾滿整個內側。
3 再放兩杯高筋麵粉到突起處，以相同方式灑滿粉末。
4 最後將模型翻轉過來，在檯面上敲兩三次，敲落多餘的粉末。

完成！

基本麵糊

Quatre-quarts

[Q] 基本麵糊 ① 磅蛋糕

在法文當中是「4分之4」的意思。
理由是製作這種點心的時候，
烘焙點心的四種材料：奶油、砂糖、
雞蛋、粉類，幾乎都是完全一樣的比例。
這種麵團給人非常結實的印象，
不過我將雞蛋量稍微減少一些，
將口感調整得較為輕盈。
這個麵糊當中奶油是主角，
還請務必使用美味的發酵奶油來製作。

粉類 25%	奶油 25%
雞蛋 25%	砂糖 25%

【材料與事前準備】 18cm磅蛋糕一個量

發酵奶油（無鹽款）…105g
　>靜置至常溫ⓐ
細砂糖…105g
雞蛋…2個量（100g）
　>靜置至常溫、以叉子打散ⓑ
A「低筋麵粉…105g
　└發粉…1/4小匙
　>混合後過篩ⓒ

＊在模型中鋪好烤盤紙。→P.8
＊在適當的時間先將烤箱預熱至180℃。

ⓐ 要軟化到用手指按下去能夠輕鬆按下。太軟也NG。

ⓑ 一邊切斷蛋白、同時將整體拌勻。如果雞蛋是冰的，麵糊很容易分離，因此一定要靜置到恢復常溫。

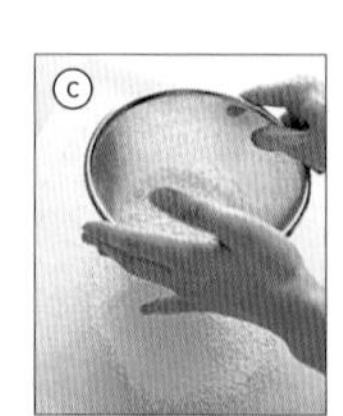

ⓒ 鋪好烤盤紙以後以萬用濾網或者較細的篩子來篩粉類。這是為了避免麵團結成一坨的重要準備工作。

澆淋

有些食譜會在烤好蛋糕以後刷上利口酒或糖漿等，再用保鮮膜包好、放在網架上冷卻，使蛋糕更具風味。這個步驟稱為「澆淋」。為了讓利口酒或糖漿容易滲入蛋糕，要趁蛋糕還是熱騰騰的時候就從上方及側面以刷子輕輕拍打塗抹。澆淋過的蛋糕大約可以保存10天左右。

【製作方式】

1 將奶油與細砂糖放進大碗當中，以橡膠刮刀切割攪拌直到細砂糖完全與奶油融合ⓓ。

2 以攪拌機的高速攪拌2分～2分30秒讓整體飽含空氣ⓔ。

3 將雞蛋分為10次左右加入ⓕ，每次添加都要以攪拌機高速攪拌30秒～1分鐘ⓖ。

4 添加A粉類，以單手一邊旋轉大碗、一邊以橡膠刮刀自底下往上翻出，整體攪拌20～25次ⓗ。還殘留一點粉感也OK。

5 刮落大碗側面及橡膠刮刀上的麵糊，一樣攪拌5～10次。等到沒有粉感、表面有光澤就OKⓘ。

6 將步驟5的麵糊放入模型當中ⓙ，在檯面上敲2～3次，讓麵糊變得平坦，再以橡膠刮刀在中央壓出凹陷ⓚ後放入預熱的烤箱中烤30～40分鐘。中途在過了15分鐘左右時，以沾了水的刀子在中央劃一道ⓛ。

7 等到裂縫呈現淡金黃色、用竹籤戳下去不會沾到任何東西就完成了ⓜ。連同烤盤紙一起從模型中取出，放在網架上冷卻ⓝ。

馬上使用攪拌機來攪拌的話，細砂糖很容易飛散出來，因此先用橡膠刮刀使其混入當中。若是奶油稍微硬了些，可以一邊用橡膠刮刀壓散。

▶

攪拌機畫大圈旋轉，攪拌到整體變成白色的。攪拌完以後以橡膠刮刀將麵糊集中在一起。

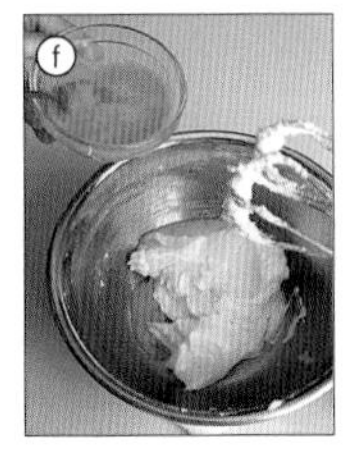

由於雞蛋很容易分離，因此分成10次添加進去，攪拌到完全均勻再繼續。1次添加的量大約是一大匙。

▶

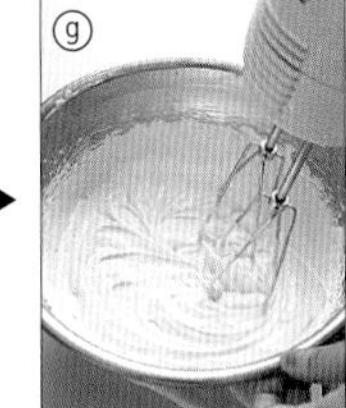

整體沒有分離情況、麵糊變得蓬鬆而柔軟的話就OK了。如果分離的話，就先加一些粉類進去，使其達到均勻（詳細請參考P.95）。

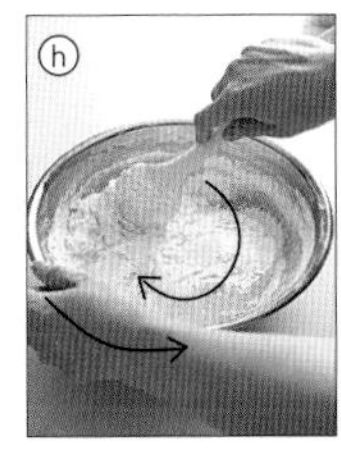

以單手將大碗向自己的方向旋轉，同時以畫「の」的感覺將麵糊從底部撈起。如果攪拌過度、或者將麵糊揉太多次，會變得很硬。因此在這個步驟不要完全混合。

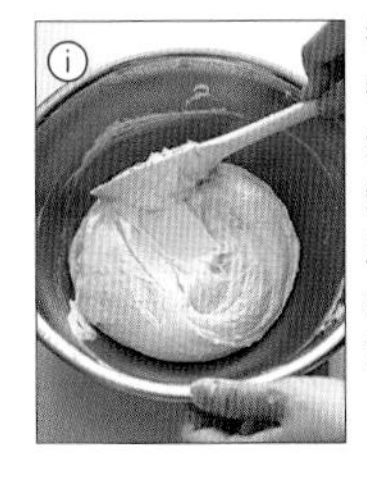

等到麵糊不會結團以後，就把大碗側面及沾附在橡膠刮刀上的麵糊都清下去混在一起。這時候才讓粉類完全混勻。只要有光澤就OK了。

▶

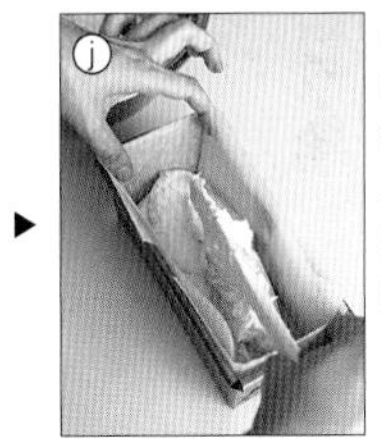

用橡膠刮刀將麵糊掬起，盡可能不要沾到模型側面、分次放入。在檯面上輕輕敲打，讓麵糊表面平整、且流到四角。

由於麵糊量很大，因此讓中央稍微凹陷一些，火候會比較均勻。將模型放在烤盤上，置於烤箱下層烘焙。

▶

為了要讓中心能夠有漂亮的山形，要多一道功夫。刀子需要沾水是為了不要沾到麵糊。此步驟要快速進行。同時將模型左右（或者前後）轉個方向再放回去，就能夠烤得更均勻。

烤到30分鐘左右確認一次。如果竹籤會沾到柔軟的麵糊，就再放回烤箱裡烤5分鐘。確認還不夠就再以5分鐘為單位烘烤及確認。

▶

為了避免烤好後收縮，要從模具中取出來放涼。剛烤好會很難切片，因此等到不燙以後再使用波浪刀來切即可。

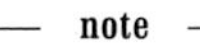

note

- 不管是剛烤好還是冷卻以後都很好吃。剛烤好的話外側會有些酥脆、內部則非常鬆軟。第二天起就會變成比較結實的口感。
- 奶油與雞蛋不管是冰冷的或是溫的都NG。太冰的話很容易分離、溫溫的則不容易打入空氣，麵糊就很容易坍陷。夏天由於奶油比較容易變得溫熱，因此雞蛋可用涼一點的。冬天由於大碗也很容易冰冷，會使麵糊縮起來，所以視情況而定要稍微隔水加熱一下雞蛋，溫一點會比較容易和奶油攪拌在一起。
- 完全放涼以後就用保鮮膜包起，放在陰暗處或冰箱冷藏保存。大約可以保存一星期左右。也可以冷凍保存（詳細請參考P.94）。如果使用新鮮水果的話，建議冷藏保存。

Génoise

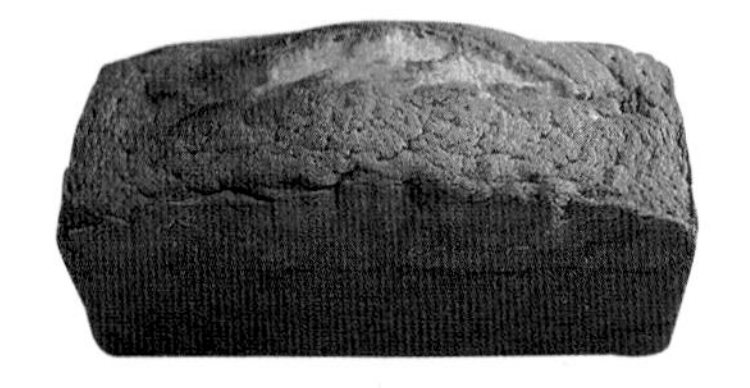

[G] 基本麵糊②
海綿蛋糕

法文稱為Genoise，通稱「海綿」，
是有著非常輕盈濕潤口感的麵糊。
我採用的比例讓雞蛋的風味稍稍突出，
並且不會有凹摺的情況、
非常美麗。
將粉類與融化的奶油添加到
打發的雞蛋中製作成蛋糕。

粉類 26%
奶油 23%
雞蛋 28%
砂糖 23%

【材料與事前準備】 18cm磅蛋糕一個量

發酵奶油（無鹽款）…80g
雞蛋…2個量（100g）
細砂糖…80g
低筋麵粉…90g

＊準備隔水加熱用的熱水（約70˚C）ⓐ。
＊在模型中鋪好烤盤紙。→P.8
＊在適當的時間先將烤箱預熱至170˚C。

使用能將大碗底部放進去的平底鍋或鍋子。不需要讓水沸騰，等到約70˚C以後就關火。

【製作方式】

1 將奶油放入大碗中，隔水加熱融化ⓑ，然後從熱水當中取出放在一旁（在步驟2將蛋液大碗隔水加熱完以後要再次隔水加熱）。

2 將雞蛋與細砂糖放入另一個大碗中，使用攪拌機但不打開電動開關，輕輕攪拌ⓒ。然後一邊隔水加熱、一邊以低速攪拌約20秒左右ⓓ，之後從熱水中取出。然後以高速攪拌2分～2分30秒左右使蛋液飽含空氣，最後再以低速打1分鐘左右使其均勻ⓔ。

3 一邊篩低筋麵粉一邊將麵粉加入蛋液當中ⓕ，以單手一邊旋轉大碗、一邊以橡膠刮刀自底下往上翻出，整體攪拌20次左右ⓖ。還殘留一點粉感也OK。

4 將步驟1的奶油分5～6次以橡膠刮刀流入大碗當中ⓗ，每次倒入都攪拌5～10次。等到沒有粉感、表面有光澤就OKⓘ。

5 將步驟4的材料放入模型當中ⓙ，在檯面上敲2～3次釋出多餘空氣，放入預熱的烤箱中烤30～35分鐘。中途在過了10分鐘左右時，以沾了水的刀子在中央劃一道ⓚ。

6 等到裂縫呈現淡金黃色、用竹籤戳下去不會沾到任何東西就完成了ⓛ。敲打模型底部2～3次後，連同烤盤紙一起從模型中取出ⓜ，放在網架上冷卻。

note

・由於一邊加熱蛋液、好好攪拌使其飽含空氣，因此不需要使用發粉。

・完全放涼以後就用保鮮膜包起，放在陰暗處或冰箱冷藏保存。大約可以放置2～3天。過了這段時間會變得乾巴巴，因此當天～第二天是最佳食用時間。也可以冷凍保存（詳細請參考P.94）。

要將奶油完全融化。如果奶油冰冷會很難與其他材料混合，這樣麵糊會有緊繃感，因此在拿起蛋液的大碗以後要再次隔水加熱奶油。

忽然就使用攪拌機打蛋液的話，細砂糖很容易飛散出來，因此先不要打開電動開關，稍微攪拌使砂糖混入蛋液當中。

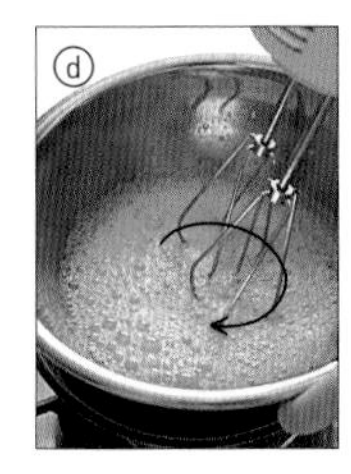

攪拌機畫大圈旋轉的同時攪拌。以手指觸摸蛋液，等到差不多接近洗澡水的溫度（約40℃）就差不多要從熱水中取出了。

大碗的底部回到常溫、提起麵糊以後麵糊痕跡會在5秒左右就消失的時候，就把速度轉為低速。攪拌機如果碰到大碗會跑出非常大的氣泡，要多加小心。

將低筋麵粉灑在整片蛋液上，就比較不容易結塊。

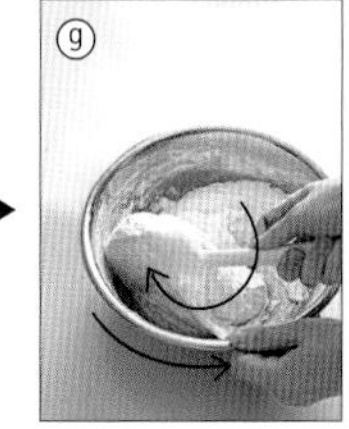

以單手將大碗向自己的方向旋轉，同時以畫「の」的感覺將麵糊從底部撈起。如果攪拌過度、或者將麵糊揉太多次，會變得很硬。因此在這個步驟不要完全混合。

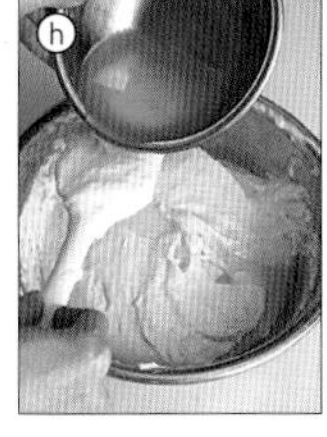

為避免讓麵糊負荷過大，因此從橡膠刮刀上將奶油流下、添加到麵糊當中。注意若攪拌過度，麵糊會變得不容易膨脹。為避免水滴跑進麵糊當中，裝奶油的大碗底部必須要擦乾。

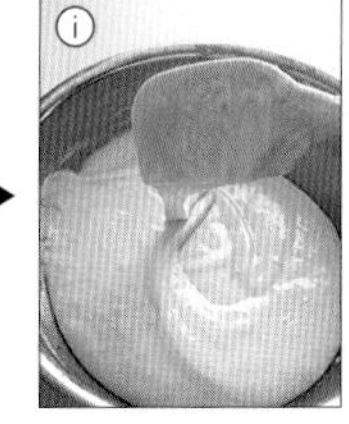

有光澤就OK了。

為了避免氣泡破掉，盡可能不要碰到麵糊、直接倒入模型當中。由於流動性非常高，因此並不需要整平表面。將模型放在烤盤上，置於烤箱下層烘焙。

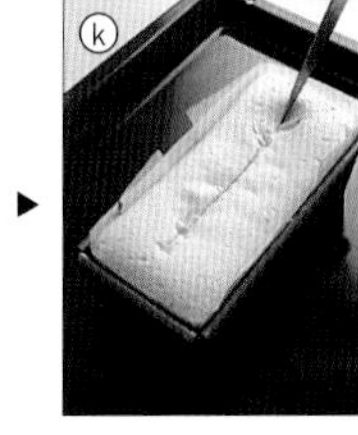

為了要讓中心能夠有漂亮的山形，要多一道功夫。刀子需要沾水是為了不要沾到麵糊。此步驟要快速進行。同時將模型左右（或者前後）轉個方向再放回去，就能夠烤得更均勻。

烤到30分鐘左右確認一次。如果竹籤會沾到柔軟的麵糊，就再放回烤箱裡烤5分鐘。確認還不夠就再以5分鐘為單位烘烤及確認。以手指輕輕按下如果有彈力就OK了。

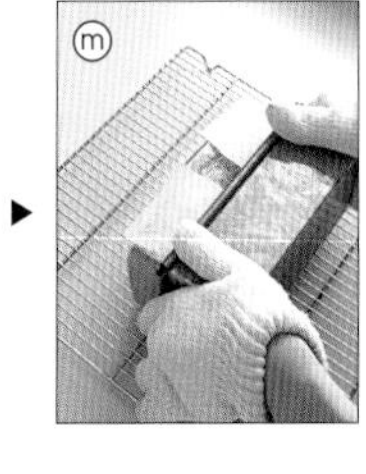

如果可以直接取出那就沒什麼問題，但有時因為膨脹而難以取出的話，那就將模型倒在網架上取下。之後一定要再將蛋糕翻回正面冷卻。不燙以後再使用波浪刀切片。

cake à l'Huile

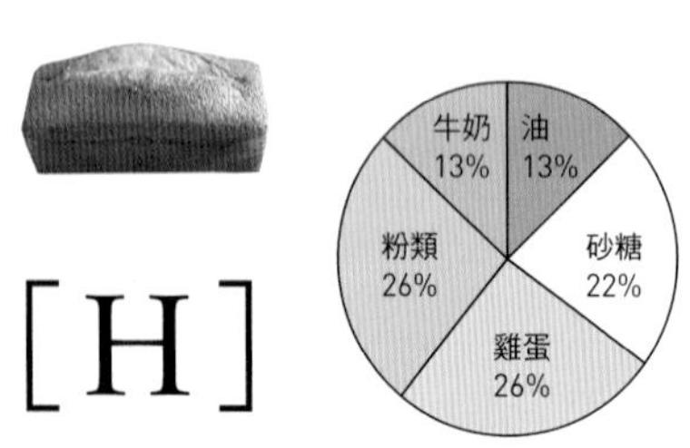

[H]

基本麵糊③

油麵糊

以沙拉油（或者白芝麻油）
取代奶油來製作，
口味上非常清爽的樸素蛋糕。
不容易失敗、
非常推薦給初學者的麵糊。

【材料與事前準備】 18cm磅蛋糕一個量

雞蛋…2個量（100g）
　>靜置至常溫
細砂糖…80g
沙拉油…50g
A「低筋麵粉…100g
　L發粉…1/2小匙
　>混合後過篩
牛奶…50g

＊在模型中鋪好烤盤紙。→P.8
＊在適當的時間先將烤箱預熱至180℃。

【製作方式】

1. 將雞蛋與細砂糖放入大碗中，使用攪拌機但不打開電動開關，輕輕攪拌ⓐ後以高速攪拌1分鐘左右。
2. 將沙拉油分4～5次加入，每次都以攪拌機高速攪拌10秒鐘左右。等到整體融合以後再使用低速繼續攪拌1分鐘左右，調整均勻度ⓑ。
3. 添加A粉類，以單手一邊旋轉大碗、一邊以橡膠刮刀自底下往上翻出，整體攪拌20次左右。還殘留一點粉感也OKⓒ。
4. 將牛奶分5～6次以橡膠刮刀流入，每次倒入牛奶都攪拌5次左右，最後再攪拌5次。等到沒有粉感、表面有光澤就OKⓓ。
5. 將步驟4的麵糊倒入模型當中，在檯面上敲2～3次排出多餘空氣，放入預熱的烤箱中烤30～35分鐘。中途在過了10分鐘左右時，以沾了水的刀子在中央劃一道ⓔ。
6. 等到裂縫呈現淡金黃色、用竹籤戳下去不會沾到任何東西就完成了ⓕ。敲打模型底部2～3次之後，連同烤盤紙一起從模型中取出，放在網架上冷卻。

忽然就使用攪拌機打蛋液的話，細砂糖很容易飛散出來，因此先不要打開電動開關，稍微攪拌使砂糖混入蛋液當中。

由於沙拉油很容易分離，因此分幾次加入。使用低速能讓氣泡均勻細緻。攪拌機如果碰到大碗會跑出非常大的氣泡，要多加小心。

將低筋麵粉灑在整片蛋液上，以單手將大碗向自己的方向旋轉，同時以畫「の」的感覺將麵糊從底部撈起。攪拌完之後將大碗側面和刮刀上的麵糊都刮落。

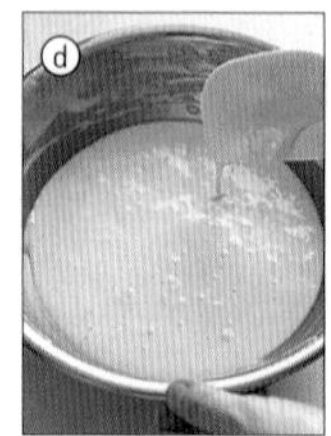

如果攪拌過度，麵糊會不容易膨脹，要多加小心。為了不讓牛奶使麵糊負荷太大，因此以橡膠刮刀流入整體麵糊當中。

為了要讓中心能夠有漂亮的山形，要多一道功夫。刀子需要沾水是為了不要沾到麵糊。此步驟要快速進行。同時將模型左右（或者前後）轉個方向再放回去，就能夠烤得更均勻。

烤到30分鐘左右確認一次。如果竹籤會沾到柔軟的麵糊，就再放回烤箱裡烤5分鐘。確認還不夠就再以5分鐘為單位烘烤及確認。以手指輕輕按下如果有彈力就OK了。

note

- 也可以使用白芝麻油代替沙拉油。白芝麻油比較不容易氧化，因此保存時間可以多1天。
- 完全放涼以後就用保鮮膜包起，放在陰暗處或冰箱冷藏保存。大約可以放置2～3天。第二天以後會變得比較有彈性。過了保存時間以後會變得乾燥、油耗味也會變重，因此當天～第二天為最佳食用時間。也可以冷凍保存（詳細請參考P.94）。

cake **S**alé

起司9%
油 18%
雞蛋 29%
粉類 29%
牛奶 15%

[S]

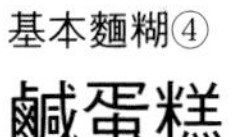

基本麵糊④

鹹蛋糕

這當然是指「鹹口味的磅蛋糕」。
使用添加了起司與油的麵糊製作。
注意不要攪拌過度。

【材料與事前準備】 18cm磅蛋糕一個量

內餡
- 沙拉油…2小匙
- 培根（塊狀）…70g
  ＞切為1cm方型
- 洋蔥…1/2個
  ＞稍微剁碎
- 鹽…少許
- 粗磨黑胡椒…少許

雞蛋…2個量（100g）
＞靜置至常溫

沙拉油…60g

牛奶…50g

起司粉…30g

A
- 低筋麵粉…100g
- 發粉…1小匙
- 鹽…1/4小匙
- 粗磨黑胡椒…少許

＞混合後過篩

＊在模型中鋪好烤盤紙。→P.8

＊在適當的時間先將烤箱預熱至180℃。

【製作方式】

1 製作內餡。以中火加熱沙拉油並快炒培根。添加洋蔥、鹽、胡椒之後拌炒，洋蔥軟化以後就放在托盤上冷卻。

2 將雞蛋與沙拉油放入大碗當中，以打蛋器攪拌至兩者完全均勻ⓐ。添加牛奶並攪拌均勻。

3 將起司粉添加在步驟1的內餡材料當中，以長筷輕輕攪拌ⓑ。

4 添加A粉類，以單手一邊旋轉大碗、一邊以長筷自底下往上翻出，整體攪拌15～20次ⓒ。以橡膠刮刀刮落大碗側面上的麵糊，一樣攪拌1～2次ⓓ，還殘留一點粉感也OK。

5 將步驟4的麵糊倒入模型當中，在檯面上敲2～3次排出多餘空氣，以橡膠刮刀稍微整平表面ⓔ。放入預熱的烤箱中烤30～35分鐘。

6 表面呈現淡金色、以竹籤戳入不會沾到東西就完成了。將整個模型放在網架上，等到不燙以後再連同烤盤紙整個取出冷卻ⓕ。

note

- 剛出爐當然非常美味，完全冷卻、麵團穩固以後也還是很好吃。
- 也可以使用白芝麻油代替沙拉油。白芝麻油比較不容易氧化，因此保存時間可以多1天。
- 完全放涼以後以保鮮膜包起，放在冰箱冷藏保存。大約可保存2～3天。
- 食用之前以預熱至170℃的烤箱重新烘焙10分鐘左右會更美味。

ⓐ 雞蛋與沙拉油非常容易分離，因此要好好攪拌。

ⓑ 為了避免攪拌過度，使用長筷來攪拌。起司粉如果有結塊現象就要先打散。內現如果熱騰騰的，麵糊很容易變非常硬，因此務必要放涼後再添加。

ⓒ 將粉類散開灑在整個材料上。以單手將大碗向自己的方向旋轉，同時以畫「の」的感覺將麵糊從底部撈起。攪拌過度會讓麵糊緊縮、非常不好膨脹。

ⓓ 最後1～2次攪拌才使用橡膠刮刀。一開始就使用橡膠刮刀的話，麵糊很容易過硬。倒入模型的時候也會稍微攪拌，因此還殘留一點粉感比較剛好。

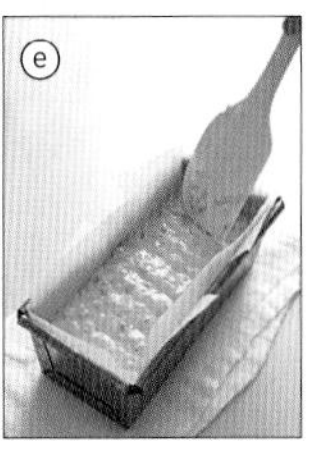

ⓔ 注意不要太過壓麵糊。將模型放在烤盤上，置於烤箱下層烘焙。不需要劃一刀。過了15～20分左右將模型左右（或者前後）轉個方向再放回去，就能夠烤得更均勻。

ⓕ 如果竹籤會沾到柔軟的麵糊，就再放回烤箱裡烤5分鐘。確認還不夠就再以5分鐘為單位烘烤及確認。由於油會滲出導致麵團溫度非常高，因此先連同模型放在網架上。等到不燙了以後再從模型中取出。

Printemps

五彩繽紛春季蛋糕

莓類蛋糕

將帶有春季感又五彩繽紛的
莓果類搭配在一起。
新鮮草莓蛋糕是我非常有自信的作品。

草莓伯爵［Q］
>P.18

覆盆子玫瑰［G］
>P.19

維多利亞蛋糕［Q］
>P.18

草莓伯爵［Q］ 

【材料與事前準備】18cm磅蛋糕一個量

發酵奶油（無鹽款）…105g
> 靜置至常溫

細砂糖…105g

雞蛋…2個量（100g）
> 靜置至常溫、以叉子打散

A ┌ 低筋麵粉…105g
  └ 發粉…1/4小匙
> 混合後過篩

紅茶茶葉（伯爵茶）…4g
> 以保鮮膜包起，用擀麵棍將茶葉擀碎ⓐ，與A混在一起。

百里香…2枝＋適量
> 2枝摘下葉子

草莓…60g＋100g
> 60g取下蒂頭後對半直切、100g取下蒂頭。

＊在模型中鋪好烤盤紙。→P.8

＊在適當的時間先將烤箱預熱至180℃。

【製作方式】

1 與下面的「維多利亞蛋糕」步驟1～5相同。不過在步驟1的時候是使用細砂糖而非糖粉。步驟3不需要牛奶。步驟4當中A粉類要先混入茶葉，以及2枝量的百里香。

2 將步驟1的1/2量倒入模型當中，以湯匙表面將麵糊表面整平，周圍留下2cm左右的空間，放入對半直切的60g草莓ⓑ。將剩下的步驟1麵糊再倒入模型當中並將表面整平，周圍留下2cm左右，放入取下蒂頭的100g草莓，裝飾適量的百里香。以預熱的烤箱烤50分鐘左右。

3 等到表面成為淡金色、以竹籤插入不會沾到任何東西就完成了。連同烤盤紙一起從模型中取出，放在網架上冷卻。

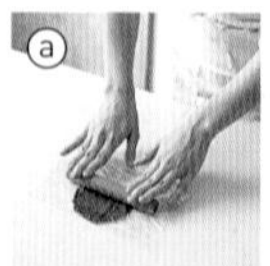

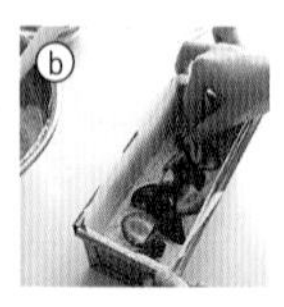

note

・將新鮮草莓夾在麵糊當中烘焙，會呈現像是果醬般的口感。不過保存時間只有3天左右。是自己手工製作才能享用的新鮮蛋糕。
・若是紅茶茶葉較粗或者堅硬，可以使用研缽來磨細。

維多利亞蛋糕［Q］ 

【材料與事前準備】直徑15cm圓形模型一個量

發酵奶油（無鹽款）…105g
> 靜置至常溫

糖粉…105g＋適量

雞蛋…2個量（100g）
> 靜置至常溫、以叉子打散

牛奶…1大匙

A ┌ 低筋麵粉…105g
  │ 杏仁粉…20g
  └ 發粉…1/4小匙
> 混合後過篩

草莓果醬…100g

＊在模型中鋪好烤盤紙。→P.9

＊在適當的時間先將烤箱預熱至180℃。

【製作方式】

1 將奶油與糖粉105g放入大碗當中，以橡膠刮刀將奶油與糖粉攪拌均勻。

2 使用攪拌機高速讓材料整體飽含空氣，攪拌2分～2分30秒。

3 雞蛋分為10次左右添加，每次都要以攪拌機高速攪拌30秒～1分鐘。添加牛奶之後再以低速攪拌10秒鐘左右。

4 添加A粉類，以單手一邊旋轉大碗、一邊以橡膠刮刀自底下往上翻出，整體攪拌20～25次。還殘留一點粉感也OK。

5 刮落大碗側面及橡膠刮刀上的麵糊，一樣攪拌5～10次。等到沒有粉感、出現光澤就OK。

6 將步驟5的麵糊倒入模型當中，在檯面上敲2～3次整平表面，放入預熱的烤箱中烤45分鐘左右。

7 等到表面成為淡金色，以竹籤插入不會沾附任何東西就完成了。連同烤盤紙從模型中取出，放在網架上冷卻。

8 在手邊及前方擺上直尺等物品，高度約是蛋糕的一半，以波浪刀將蛋糕橫切為兩半ⓐ。以湯匙將草莓果醬塗抹在下層蛋糕ⓑ，然後蓋回上層蛋糕，以濾網灑上適量糖粉。

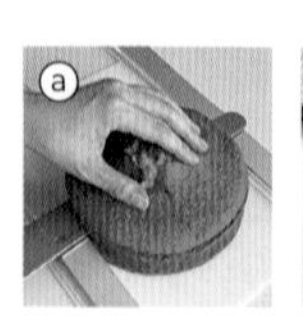

note

・這是源起於維多利亞女王的英國蛋糕。建議可以將果醬塗到稍微流出來的感覺。放置一些時間之後果醬滲進蛋糕體中，會比較好切片。

覆盆子玫瑰［G］ 

【材料與事前準備】18cm磅蛋糕一個量

發酵奶油（無鹽款）…80g
雞蛋…2個量（100g）
細砂糖…70g
玫瑰糖漿…1大匙
低筋麵粉…95g
冷凍覆盆子…30g
> 以廚房紙巾輕輕拭去表面結的霜ⓐ、以手捏碎後灑上1小匙低筋麵粉ⓑ、放進冷凍庫中。

糖霜
| 糖粉…50g
| 玫瑰糖漿…4小匙
| 水…1/2小匙

玫瑰花瓣（乾燥）…適量
乾燥覆盆子（顆粒）…適量

＊準備隔水加熱用的熱水（約70℃）。
＊在模型中鋪好烤盤紙。→P.8
＊在適當的時間先將烤箱預熱至170℃。

玫瑰糖漿
MONIN的高濃度糖漿。也可以使用在紅茶或雞尾酒當中。可以在甜點材料行買到。

玫瑰花瓣（乾燥）
乾燥後的食用玫瑰、花草茶用。如果有花萼就要摘掉。

乾燥覆盆子（顆粒）
又稱為覆盆莓或木莓等，特徵是口味酸甜。若是整顆冷凍的就要打碎後使用。

【製作方式】

1. 將奶油放入大碗中，隔水加熱使其融化後先從熱水中取出（步驟**2**將蛋液的大碗取出後要再次隔水加熱奶油）。
2. 將雞蛋與細砂糖放入另一個大碗中，使用攪拌機但不打開電動開關，輕輕攪拌。然後一邊隔水加熱、一邊以低速攪拌約20秒左右，之後從熱水中取出。然後以高速攪拌2分～2分30秒左右使蛋液飽含空氣。添加玫瑰糖漿，然後再以低速打1分鐘左右使其均勻。
3. 一邊篩低筋麵粉一邊將麵粉加入蛋液當中，以單手一邊旋轉大碗、一邊以橡膠刮刀自底下往上翻出，整體攪拌20次左右。還殘留一點粉感也OK。
4. 將步驟**1**的奶油分5～6次以橡膠刮刀流入大碗當中，每次倒入都攪拌5～10次。等到沒有粉感、表面有光澤就添加冷凍覆盆子，以較大動作攪拌5次左右。
5. 將步驟**4**的材料放入模型當中，在檯面上敲2～3次釋出多餘空氣，放入預熱的烤箱中烤30～35分鐘。中途在過了10分鐘左右時，以沾了水的刀子在中央劃一道。
6. 等到裂縫呈現淡金黃色、用竹籤戳下去不會沾到任何東西就完成了。敲打模型底部2～3次之後連同烤盤紙一起從模型中取出，翻過來放在網架上冷卻。
7. 製作糖霜。使用萬用濾網將糖粉篩到大碗當中，慢慢添加玫瑰糖漿與水，以湯匙攪拌均勻。舀起後使其緩慢流下，落下後大約5～6秒會消失是較為適當的硬度ⓒ。
8. 等到步驟**6**的蛋糕冷卻以後，將烤箱預熱至200℃。在烤箱的托盤上鋪好烤盤紙後放上蛋糕，以湯匙將步驟**7**的糖霜塗抹在蛋糕上層ⓓ、灑上玫瑰花瓣與乾燥覆盆子ⓔ。放入預熱的烤箱加熱約1分鐘左右，放在網架上乾燥。

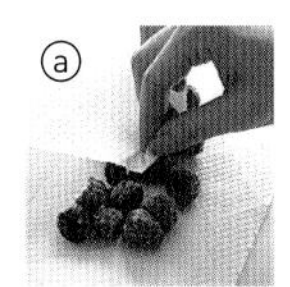
ⓐ

ⓑ

ⓒ

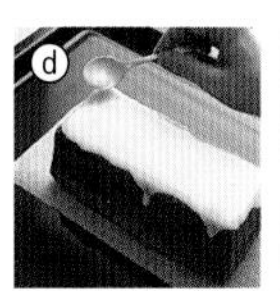
ⓓ

ⓔ

note
・使用玫瑰花瓣能讓蛋糕看起來更華美。
・為了避免冷凍覆盆子造成麵糊水水的，灑上麵粉後在使用前都要放在冷凍庫當中。
・因為希望蛋糕的形狀比較俐落，所以我把蛋糕翻過來放涼塗糖霜。當然不翻過來也沒有關係。

春季水果蛋糕

甜膩的蛋糕與略帶酸味的水果非常對味。
添加大量新鮮柑橙的蛋糕，
有著手工製作的美味。

橘皮咖啡［G］
>P.22

新鮮柑橘［Q］
>P.23

杏子穀片［Q］
>P.22

美國櫻桃［Q］
>P.23

橘皮咖啡 [G] 

【材料與事前準備】18cm磅蛋糕一個量

發酵奶油（無鹽款）…80g
雞蛋…2個量（100g）
細砂糖…80g
咖啡液
　即溶咖啡（顆粒）…8g
　> 將2小匙熱水分兩次添加溶化咖啡
低筋麵粉…90g
橘皮（顆粒狀）…60g
糖霜
　糖粉…35g
　即溶咖啡（顆粒）…1g
　> 以熱水1/2小匙溶化
　水…1小匙

＊準備隔水加熱用的熱水（約70℃）。
＊在模型中鋪好烤盤紙。→P.8
＊在適當的時間先將烤箱預熱至170℃。

note

・口感輕盈的咖啡口味蛋糕。咖啡略略的苦味與橘皮的酸味非常搭調。

【製作方式】

1 將奶油放入大碗中，隔水加熱融化，然後從熱水當中取出放在一旁（在步驟**2**將蛋液大碗隔水加熱完以後要再次隔水加熱）。
2 將雞蛋與細砂糖放入另一個大碗中，使用攪拌機但不打開電動開關，輕輕攪拌。然後一邊隔水加熱、一邊以低速攪拌約20秒左右，之後從熱水中取出。然後以高速攪拌2分～2分30秒左右使蛋液飽含空氣。添加咖啡液後以低速攪拌20秒左右，再繼續以低速打1分鐘左右使其均勻。
3 一邊篩低筋麵粉一邊將麵粉加入蛋液當中，以單手一邊旋轉大碗、一邊以橡膠刮刀自底下往上翻出，整體攪拌20次左右。還殘留一點粉感也OK。
4 將步驟**1**的奶油分5～6次以橡膠刮刀流入大碗當中，每次倒入都攪拌5～10次。等到沒有粉感、表面有光澤就添加橘皮，以大動作攪拌5次左右。
5 將步驟**4**的材料放入模型當中，在檯面上敲2～3次釋出多餘空氣，放入預熱的烤箱中烤30～35分鐘。中途在過了10分鐘左右時，以沾了水的刀子在中央劃一道。
6 等到裂縫呈現淡金黃色、用竹籤戳下去不會沾到任何東西就完成了。敲打模型底部2～3次之後連同烤盤紙一起從模型中取出，放在網架上冷卻。
7 製作糖霜。使用萬用濾網將糖粉篩到大碗當中，慢慢添加以熱水溶解的咖啡與水，以湯匙攪拌均勻。舀起後使其緩慢流下，落下後大約10秒會消失是較為適當的硬度。
8 等到步驟**6**的蛋糕冷卻以後，將烤箱預熱至200℃。在烤箱的托盤上鋪好烤盤紙後放上磅蛋糕，以湯匙將步驟**7**的糖霜塗抹在蛋糕上。放入預熱的烤箱加熱約1分鐘左右，放在網架上乾燥。

杏子穀片 [Q] 

【材料與事前準備】18cm磅蛋糕一個量

乾燥杏子…80g
君度橙酒…1大匙
發酵奶油（無鹽款）…105g
　> 靜置至常溫
細砂糖…105g
雞蛋…2個量（100g）
　> 靜置至常溫、以叉子打散
牛奶…2小匙
A「低筋麵粉…105g
　└發粉…1/4小匙
　> 混合後過篩
B「穀片…30g
　└蔗糖…1/2小匙
　> 稍稍混合在一起

＊在模型中鋪好烤盤紙。→P.8
＊在適當的時間先將烤箱預熱至180℃。

【製作方式】

1 將杏子以熱水浸泡5分鐘左右ⓐ使其表面膨起，以廚房紙巾擦乾後切為1cm塊狀ⓑ。和君度橙酒混合在一起之後放至3小時～一晚。
2 與右頁的「新鮮柑橘」步驟**3**～**7**相同。但是步驟**3**當中不需要添加橘子皮。步驟**5**在混好雞蛋以後加入牛奶，以低速攪拌10秒鐘左右。步驟**6**在添加A粉類之前加入步驟**1**的杏子，以橡膠刮刀快速攪拌一下。
3 將步驟**2**的麵糊放入模型當中，在檯面上敲2～3次，讓麵糊變得平坦，再以橡膠刮刀在中央壓出凹陷。把B穀片灑在麵糊整體上，以預熱的烤箱烤50分鐘左右。
4 等到表面呈現淡金黃色、用竹籤戳下去不會沾到任何東西就完成了。連同烤盤紙一起從模型中取出，放在網架上冷卻。

ⓐ

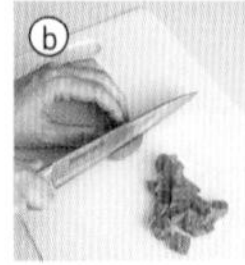
ⓑ

note

・穀片很容易吸取水分導致蛋糕乾巴巴，因此添加牛奶。
・由於表面上灑了穀片，因此不在烤的途中劃開蛋糕。

新鮮柑橘［Q］ 

【材料與事前準備】18cm磅蛋糕一個量

翻炒橘子
- 橘子…1個（果肉150g）
- 奶油（無鹽款）…5g
- 君度橙酒…2小匙

發酵奶油（無鹽款）…105g
＞靜置至常溫

細砂糖…105g

雞蛋…2個量（100g）
＞靜置至常溫、以叉子打散

A
- 低筋麵粉…105g
- 發粉…1/4小匙

＞混合後過篩

君度橙酒…30～40g

＊在模型中鋪好烤盤紙。→P.8

＊在適當的時間先將烤箱預熱至180℃。

note

- 放入大塊橘子果肉的奢侈蛋糕。將蛋糕稍微冷藏到蛋糕體不至於堅硬的程度也非常美味。
- 由於使用了新鮮橘子，因此必須要使用冷藏保存。大約可以放一週左右。

【製作方式】

1 拌炒橘子。將橘子皮磨下之後分開放置。剩下的橘子薄切掉上下皮，將橘子皮連同薄皮縱切ⓐ。將刀子插進薄皮與果肉之間，取下一瓣瓣果肉。

2 將奶油放在平底鍋上以小火加熱融化，放入橘子果肉後輕輕攪拌，讓奶油拌在果肉上。等到稍微溫熱之後，添加君度橙酒稍作攪拌，取出放在托盤上冷卻。拌炒橘子完成。

3 將奶油、細砂糖、步驟1的橘子皮放入大碗中，以橡膠刮刀攪拌到細砂糖完全與奶油融合。

4 以攪拌機的高速攪拌2分～2分30秒讓整體飽含空氣。

5 將雞蛋分為10次左右加入，每次添加都要以攪拌機高速攪拌30秒～1分鐘。

6 添加A粉類，以單手一邊旋轉大碗、一邊以橡膠刮刀自底下往上翻出，整體攪拌20～25次。還殘留一點粉感也OK。

7 刮落大碗側面及橡膠刮刀上的麵糊，一樣攪拌5～10次。等到沒有粉感、表面有光澤就OK。

8 將1/3量的步驟7麵糊放入模型當中，以湯匙等物品整平表面，在周遭留下2cm左右的空間，斜放入1/2量的拌炒橘子排好ⓑ。重複以上動作（不過橘子排列的方向要相反）ⓒ，將剩下的步驟7麵糊都倒入以後整平表面，放進預熱的烤箱烤45～50分鐘。中途在過了15分鐘左右時，以沾了水的刀子在中央劃一道。

9 等到裂縫呈現淡金黃色、用竹籤戳下去不會沾到任何東西就完成了。連同烤盤紙一起從模型中取出，放在網架上，趁熱的時候將君度橙酒刷在上方及側面。馬上用保鮮膜包緊然後靜置冷卻。

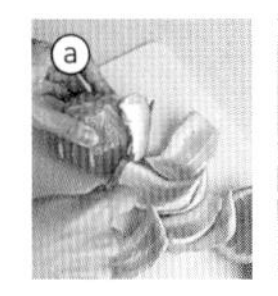

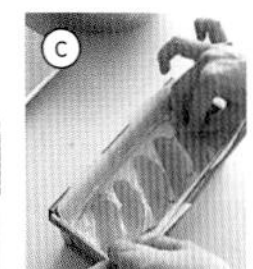

美國櫻桃［Q］ 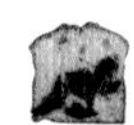

【材料與事前準備】18cm磅蛋糕一個量

發酵奶油（無鹽款）…50g
＞靜置至常溫

酸奶油…70g

細砂糖…100g

雞蛋…2個量（100g）
＞靜置至常溫、以叉子打散

A
- 低筋麵粉…110g
- 發粉…1/2小匙

＞混合後過篩

美國櫻桃…70g
＞以菜刀縱切出一圈刀痕，將櫻桃分為兩半。有種子的那邊再縱切一次取出種子，另一半也對半縱切。

＊在模型中鋪好烤盤紙。→P.8

＊在適當的時間先將烤箱預熱至180℃。

【製作方式】

1 將奶油放進大碗當中，以橡膠刮刀推壓奶油使其軟化。將酸奶油分4～5次加入，每次添加都要攪拌使其融合。添加細砂糖，一樣切割攪拌直到細砂糖完全與奶油融合。

2 與上述「新鮮柑橘」步驟4～7相同。不過步驟7在表面有光澤以後要添加美國櫻桃並稍微攪拌一下。

3 將步驟2的麵糊放入模型當中，在檯面上敲2～3次，讓麵糊變得平坦，再以橡膠刮刀在中央壓出凹陷後放入預熱的烤箱中烤45分鐘左右。中途在過了15分鐘左右時，以沾了水的刀子在中央劃一道。

4 等到裂縫呈現淡金黃色、用竹籤戳下去不會沾到任何東西就完成了。連同烤盤紙一起從模型中取出，放在網架上冷卻。

note

- 可以感受到酸奶油酸味且口感濕潤的蛋糕。稍微冰涼也很好吃。
- 如果買不到新鮮美國櫻桃，也可以使用罐頭產品。

春日下午茶時間

享受豐裕香氣，
使用茶來製作的磅蛋糕。
搭配能夠凸顯出茶風味的水果。

抹茶檸檬皮 [Q] 

【材料與事前準備】18cm磅蛋糕一個量

發酵奶油（無鹽款）…105g
> 靜置至常溫

細砂糖…105g

雞蛋…2個量（100g）
> 靜置至常溫、以叉子打散

A
- 低筋麵粉…105g
- 發粉…1/4小匙
> 混合後過篩

檸檬皮（顆粒狀）…50g

抹茶粉…2又1/2小匙

牛奶…1大匙

＊在模型中鋪好烤盤紙。→P.8

＊在適當的時間先將烤箱預熱至180℃。

檸檬皮

將檸檬皮浸漬在砂糖中做成的製品。又叫做糖漬檸檬，魅力在於清爽的酸味及香氣。

note

・檸檬皮的酸味能夠帶出抹茶的微苦，做出高雅的風味。以橘子皮或者白巧克力取代檸檬皮也很對味。

【製作方式】

1 將奶油與細砂糖放進大碗當中，以橡膠刮刀切割攪拌直到細砂糖完全與奶油融合。

2 以攪拌機的高速攪拌2分～2分30秒讓整體飽含空氣。

3 將雞蛋分為10次左右加入，每次添加都要以攪拌機高速攪拌30秒～1分鐘。

4 添加A粉類，以單手一邊旋轉大碗、一邊以橡膠刮刀自底下往上翻出，整體攪拌20～25次。還殘留一點粉感也OK。

5 分裝150g到另一個大碗中ⓐ。

6 將檸檬皮加進步驟4的大碗當中，一樣以橡膠刮刀攪拌5次左右ⓑ。等到沒有粉感、表面有光澤就OK。

7 使用茶篩將抹茶粉篩進步驟5的麵糊上，一樣攪拌8～10次ⓒ。將牛奶分兩次左右以刮刀流入，每次添加都攪拌5次左右。等到沒有粉感、表面有光澤就加進步驟6的大碗當中ⓓ，以大動作攪拌2～3次ⓔ。

8 將步驟7的麵糊倒入模型當中，在檯面上敲2～3次，讓麵糊變得平坦，再以橡膠刮刀在中央壓出凹陷後放入預熱的烤箱中烤30～40分鐘。中途在過了15分鐘左右時，以沾了水的刀子在中央劃一道。

9 等到裂縫呈現淡金黃色、用竹籤戳下去不會沾到任何東西就完成了。連同烤盤紙一起從模型中取出，放在網架上冷卻。

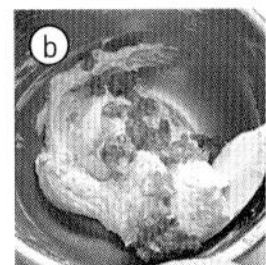

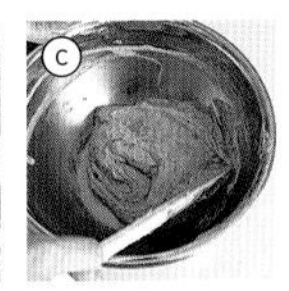

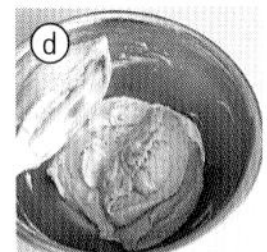

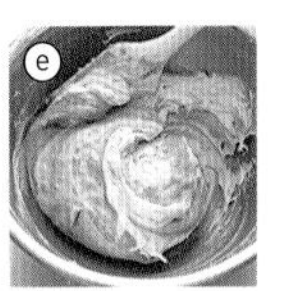

焙茶 [G] 

【材料與事前準備】18cm磅蛋糕一個量

發酵奶油（無鹽款）…80g

雞蛋…2個量（100g）

細砂糖…80g

A
- 低筋麵粉…80g
  > 過篩
- 焙茶茶葉…10g
  > 以研缽磨碎
> 輕輕攪拌混合

杏子果醬…適量

＊準備隔水加熱用的熱水（約70℃）。

＊在模型中鋪好烤盤紙。→P.8

＊在適當的時間先將烤箱預熱至170℃。

note

・焙茶也很推薦使用茶包中的細碎茶葉。

【製作方式】

1 將奶油放入大碗中，隔水加熱融化，然後從熱水當中取出放在一旁（在步驟2將蛋液大碗隔水加熱完以後要再次隔水加熱）。

2 將雞蛋與細砂糖放入另一個大碗中，使用攪拌機但不打開電動開關，輕輕攪拌。然後一邊隔水加熱、一邊以低速攪拌約20秒左右，之後從熱水中取出。然後以高速攪拌2分～2分30秒左右使蛋液飽含空氣，最後再以低速打1分鐘左右使其均勻。

3 添加A粉類，以單手一邊旋轉大碗、一邊以橡膠刮刀自底下往上翻出，整體攪拌20次左右。還殘留一點粉感也OK。

4 將步驟1的奶油分5～6次以橡膠刮刀流入大碗當中，每次倒入都攪拌5～10次。等到沒有粉感、表面有光澤就OK。

5 將步驟4的材料放入模型當中，在檯面上敲2～3次釋出多餘空氣，放入預熱的烤箱中烤30～35分鐘。中途在過了10分鐘左右時，以沾了水的刀子在中央劃一道。

6 等到裂縫呈現淡金黃色、用竹籤戳下去不會沾到任何東西就完成了。敲打模型底部2～3次之後連同烤盤紙一起從模型中取出，放在網架上冷卻。切成喜歡的大小以後，搭配杏子果醬。

櫻與梅

將經常使用在和菓子當中的櫻與梅
試著應用在磅蛋糕上。
帶有熟悉的風味，
應該會受到廣泛年齡層的喜好。

櫻葉蔓越莓［Q］ 

【材料與事前準備】18cm磅蛋糕一個量

乾燥蔓越莓…40g
櫻桃白蘭地…1大匙
發酵奶油（無鹽款）…105g
 ＞靜置至常溫
細砂糖…105g
雞蛋…2個量（100g）
 ＞靜置至常溫、以叉子打散
鹽漬櫻葉…30g
 ＞放在水裡30分鐘左右去鹽，以手擰乾之後用廚房紙巾擦乾，稍微切一下。

A「低筋麵粉…105g
 └發粉…1/4小匙
 ＞混合後過篩

糖霜
 糖粉…20g
 櫻桃白蘭地…1/2小匙
 水…1/2小匙

＊在模型中鋪好烤盤紙。→P.8
＊在適當的時間先將烤箱預熱至180℃。

【製作方式】

1 將蔓越莓淋上熱水之後以廚房紙巾擦乾。放在櫻桃白蘭地當中3小時～整晚。
2 將奶油與細砂糖放進大碗當中，以橡膠刮刀切割攪拌直到細砂糖完全與奶油融合。
3 以攪拌機的高速攪拌2分～2分30秒讓整體飽含空氣。
4 將雞蛋分為10次左右加入，每次添加都要以攪拌機高速攪拌30秒～1分鐘。
5 添加櫻葉與步驟1的蔓越莓，用橡膠刮刀稍微拌一下。放入A粉類，以單手一邊旋轉大碗、一邊以橡膠刮刀自底下往上翻出，整體攪拌20～25次。還殘留一點粉感也OK。
6 刮落大碗側面及橡膠刮刀上的麵糊，一樣攪拌5～10次。等到沒有粉感、表面有光澤就OK。
7 將步驟6的麵糊放入模型當中，在檯面上敲2～3次，讓麵糊變得平坦，再以橡膠刮刀在中央壓出凹陷後放入預熱的烤箱中烤45分鐘左右。中途在過了15分鐘左右時，以沾了水的刀子在中央劃一道。
8 等到裂縫呈現淡金黃色、用竹籤戳下去不會沾到任何東西就完成了。連同烤盤紙一起從模型中取出，放在網架上冷卻。
9 製作糖霜。使用茶篩將糖粉篩到大碗當中，慢慢添加櫻桃白蘭地與水，以湯匙攪拌均勻。舀起後使其緩慢流下，落下後大約10秒會消失是較為適當的硬度。
10 等到步驟8的蛋糕冷卻以後，將烤箱預熱至200℃。在烤箱的托盤上鋪好烤盤紙後放上磅蛋糕，以湯匙將步驟9的糖霜淋在蛋糕上層。放入預熱的烤箱加熱約1分鐘左右，放在網架上乾燥。

note

・櫻葉些許的鹽味能夠濃縮口味、讓蛋糕更添優雅氣息。也和日本茶很對味。

梅酒 [Q]

【材料與事前準備】直徑14cm圓蛋糕形一個量

發酵奶油（無鹽款）…105g
> 靜置至常溫

細砂糖…105g

雞蛋…2個量（100g）
> 靜置至常溫、以叉子打散

梅酒…2小匙＋1大匙

梅酒中的梅子…70g
> 以菜刀縱切一圈之後把梅子分為兩半。有種子的那邊再縱切一次取出種子，將長度對切。另一邊則切成4等分。

A
- 低筋麵粉…90g
- 杏仁粉…15g
- 發粉…1/4小匙

> 混合後過篩

糖霜
- 糖粉…50g
- 梅酒…2小匙

杏仁角（已烘烤）…適量

＊在模型內塗抹適量的膏狀奶油（不在食譜份量內），灑上適量高筋麵粉（不在食譜份量內）。→P.9

＊在適當的時間先將烤箱預熱至180℃。

梅酒

選擇裡面有梅子的商品。酒精度數、口味等則隨個人喜好。

note

- 以梅酒及杏仁粉打造出濕潤的蛋糕體。
- 淋上糖霜以後若以200℃烤箱加熱1分鐘左右，糖霜會流下來，因此直接風乾。
- 可以使用18cm磅蛋糕模型製作。使用14cm圓蛋糕模型製作時，會因為內餡的量而使麵糊稍微滿出來，建議使用小鍋來分裝，一起烘烤（詳細請參考P.95）。

【製作方式】

1. 與左頁「櫻葉蔓越莓」步驟2～7相同。不過步驟5當中以梅酒2小匙及梅子果實取代櫻葉和蔓越莓。步驟7不需要讓中間凹陷、也不必拿刀切開，烘焙時間大約是45～50分鐘。
2. 等到裂縫呈現淡金黃色、用竹籤戳下去不會沾到任何東西就完成了。在模型的側面敲2～3次之後再翻過來，放在網架上趁蛋糕還熱的時候將1大匙梅酒塗在蛋糕表面。馬上用保鮮膜包起來，靜置冷卻。
3. 製作糖霜。使用萬用濾網將糖粉篩到大碗當中，慢慢添加梅酒與水，以湯匙攪拌均勻。舀起後使其緩慢流下，落下後大約5～6秒會消失是較為適當的硬度。
4. 等到步驟2的蛋糕冷卻以後，以湯匙將步驟3的糖霜塗抹在蛋糕上層、灑上杏仁角，直接風乾。

豌豆與羊奶起司［S］
>P.30

春季鹹蛋糕

鹹蛋糕自然就是指「鹹口味的蛋糕」，
非常適合作為
家庭宴會的前菜小點。
搭配當季食材，
試著表現出季節感吧。

鵪鶉蛋、蠶豆、紅椒［S］
>P.30

櫻花蝦與春季高麗菜 [S]
>P.31

豌豆與羊奶起司 [S] 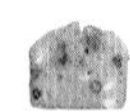

【材料與事前準備】18cm磅蛋糕一個量

雞蛋…2個量（100g）
> 靜置至常溫

沙拉油…60g

牛奶…50g

起司粉…30g

羊奶起司…35g
> 切為一口大小

冷凍綠豌豆…40g
> 以加了鹽巴的熱水燙30秒左右之後放進冰水中冷卻，以廚房紙巾擦乾。

乾燥杏子…30g
> 以熱水浸泡5分鐘左右ⓐ使其表面膨起，以廚房紙巾擦乾後切為1cm塊狀。

A
- 低筋麵粉…100g
- 發粉…1小匙
- 鹽…1/4小匙
- 粗磨黑胡椒…少許

> 混合後過篩

＊在模型中鋪好烤盤紙。→P.8

＊在適當的時間先將烤箱預熱至180˚C。

【製作方式】

1 將雞蛋與沙拉油放入大碗當中，以打蛋器攪拌至兩者完全均勻。添加牛奶並攪拌均勻。

2 將起司粉、羊奶起司、綠豌豆、杏子也添加進去，以長筷輕輕攪拌。

3 添加A粉類，以單手一邊旋轉大碗、一邊以長筷自底下往上翻出，整體攪拌15～20次。以橡膠刮刀刮落大碗側面的麵糊，一樣攪拌1～2次，還殘留一點粉感也OK。

4 將步驟3的麵糊倒入模型當中，在檯面上敲2～3次排出多餘空氣，以橡膠刮刀稍微整平表面。放入預熱的烤箱中烤30～35分鐘。

5 表面呈現淡金色、以竹籤戳入不會沾到東西就完成了。將整個模型放在網架上，等到不燙以後再連同烤盤紙整個取出冷卻。

note

・使用兩種起司、切面色彩非常有春季感的蛋糕。
・羊奶起司的酸味與杏子淡淡的甜度非常對味。

鵪鶉蛋、蠶豆、紅椒 [S] 

【材料與事前準備】18cm磅蛋糕一個量

雞蛋…2個量（100g）
> 靜置至常溫

沙拉油…60g

牛奶…50g

起司粉…30g

鵪鶉蛋（水煮）…6個

冷凍蠶豆（帶薄皮）…10～12個（60g）
> 以加了鹽巴的熱水燙30秒左右之後放進冰水中冷卻，取出豆子。以廚房紙巾擦乾，拿起5個作為最後裝飾用。

甜椒（紅）…大的1/2個（100g）
> 縱切為2.5cm寬，其中2片斜切為三角形，剩下的切為2.5cm方型ⓐ。一樣都放進加了些許鹽巴的熱水燙1分鐘左右之後冷卻，以廚房紙巾擦乾。

百里香…2枝＋適量
> 將2枝的葉子摘下

A
- 低筋麵粉…100g
- 發粉…1小匙
- 鹽…1/4小匙
- 粗磨黑胡椒…少許

> 混合後過篩

＊在模型中鋪好烤盤紙。→P.8

＊在適當的時間先將烤箱預熱至180˚C。

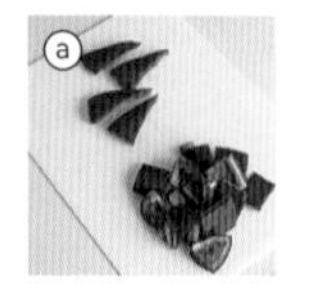

【製作方式】

1 與上述「豌豆與羊奶起司」的步驟1～5相同。但步驟2中以鵪鶉蛋、蠶豆5～7個、切為2.5cm的甜椒、2枝量的百里香取代羊奶起司、綠豌豆及杏子。步驟4在整平麵糊表面以後，放上其餘的蠶豆、切為三角形的甜椒、適量百里香，然後烘烤。

note

・讓人連想到復活節的蛋糕。頗有份量，切開來的斷面很華麗。

櫻花蝦與春季高麗菜 [S] 

【材料與事前準備】18cm磅蛋糕一個量

雞蛋…2個量（100g）
　> 靜置至常溫

沙拉油…60g

牛奶…50g

起司粉…30g

櫻花蝦…10g
　> 以小火加熱平底鍋之後乾煎一下，分裝2g作為最後裝飾用。

炒高麗菜
- 沙拉油…1小匙
- 高麗菜（盡可能使用春季高麗菜）…100g
　> 切為一口大小
- 鹽…少許

　> 使用平底鍋以沙拉油開中火加熱，放入高麗菜及鹽巴炒到高麗菜葉軟化以後，放在托盤上冷卻。

A
- 低筋麵粉…100g
- 發粉…1小匙
- 鹽…1/4小匙
- 粗磨黑胡椒…少許

　> 混合後過篩

＊在模型中鋪好烤盤紙。→P.8

＊在適當的時間先將烤箱預熱至180℃。

【製作方式】

1 將雞蛋與沙拉油放入大碗當中，以打蛋器攪拌至兩者完全均勻。添加牛奶並攪拌均勻。

2 將起司粉、櫻花蝦8g、炒高麗菜添加進去，以長筷輕輕攪拌。

3 添加A粉類，以單手一邊旋轉大碗、一邊以長筷自底下往上翻出，整體攪拌15～20次。以橡膠刮刀刮落大碗側面的麵糊，一樣攪拌1～2次，只有殘留些許粉感就OK。

4 將步驟**3**的麵糊倒入模型當中，在檯面上敲2～3次排出多餘空氣，以橡膠刮刀稍微整平表面。放入預熱的烤箱中烤30～35分鐘。

5 等到表面呈現淡金色、以竹籤戳入不會沾到東西就完成了。將整個模型放在網架上，等到不燙以後再連同烤盤紙整個取出冷卻。

note

・乾煎櫻花蝦能讓甜味及香氣更明顯。

Été

清爽美味夏季蛋糕

檸檬蛋糕

包含最基本的週末蛋糕在內，
磅蛋糕與檸檬真的非常搭調。
以各式各樣的形式來品味檸檬。

週末蛋糕 [G]
>P.34

檸檬羅勒 [H]
>P.34

檸檬果酪［Q］
>P.35

週末蛋糕［G］ 

【材料與事前準備】18cm磅蛋糕一個量

發酵奶油（無鹽款）…80g
雞蛋…2個量（100g）
細砂糖…80g
檸檬皮…1個量
　> 削下磨碎
低筋麵粉…100g

糖漿
　砂糖…2小匙
　　> 放進較小的耐熱大碗當中，添加2小匙水，不包保鮮膜以微波爐加熱30秒左右，中途要用湯匙攪拌1～2次（使用1大匙）。
　檸檬果汁…1大匙
　> 兩者混合

糖霜
　糖粉…110g
　檸檬果汁…1又1/2大匙
開心果（已烘焙）…適量
　> 剁碎

＊準備隔水加熱用的熱水（約70℃）。
＊在模型中鋪好烤盤紙。→P.8
＊在適當的時間先將烤箱預熱至170℃。

【製作方式】

1　與P.13「基本麵糊②海綿蛋糕」步驟**1**～**6**相同。不過在步驟**2**時除了雞蛋與細砂糖以外還要添加檸檬皮。
2　在步驟**1**的海綿蛋糕溫度仍高時在上面與側面刷上糖漿。馬上用保鮮膜包緊，直接放涼。
3　製作糖霜。使用萬用濾網將糖粉篩到大碗當中，慢慢添加檸檬果汁，以湯匙攪拌均勻。舀起後使其緩慢流下，落下後大約5～6秒會消失是較為適當的硬度。
4　等到步驟**2**的蛋糕冷卻以後，將烤箱預熱至200℃。在烤箱的托盤上鋪好烤盤紙後放上撕去保鮮膜的蛋糕，以抹刀將步驟**3**的糖霜塗抹在蛋糕上層與側面、灑上開心果。放入預熱的烤箱加熱約1分鐘左右，放在網架上乾燥。

note
・週末蛋糕是一種使用檸檬製作的傳統烘焙點心。是用磅蛋糕形狀來製作蛋糕時，最受歡迎的一種。
・如果使用尚未烘焙過的開心果，就將烤箱預熱至160℃烤5分鐘左右。

檸檬羅勒［H］ 

【材料與事前準備】18cm磅蛋糕一個量

糖漬檸檬
　水…40g
　細砂糖…40g
　切圓片檸檬（厚度2mm）…5片
雞蛋…2個量（100g）
　> 靜置至常溫
細砂糖…80g
鹽…1撮

檸檬皮…1/2個量
　> 削下磨碎
A
　橄欖油…50g
　羅勒葉…6g
　　> 剁碎
　> 兩者混合在一起
檸檬果汁…10g

B
　低筋麵粉…100g
　發粉…1/2小匙
　> 混合後過篩
牛奶…40g

＊在模型中鋪好烤盤紙。→P.8
＊在適當的時間先將烤箱預熱至180℃。

【製作方式】

1　製作糖漬檸檬。將水與細砂糖放入小鍋當中，輕輕攪拌並以中火加熱，細砂糖融化以後便將圓片檸檬排在鍋中。蓋上鍋蓋以小火繼續加熱，熬煮8～10分鐘直到檸檬薄皮變得透明。直接冷卻。
2　與P.14「基本麵糊③油麵糊」步驟**1**～**6**相同。但是步驟**1**當中除了雞蛋與細砂糖以外，同時添加鹽與檸檬皮。步驟**2**以A取代沙拉油加入，等到整體均勻以後，以低速攪拌前先添加檸檬果汁。步驟**3**當中添加B而非A。步驟**5**不需要劃一刀，而是先取出，擺上步驟**1**的糖漬檸檬。

note
・檸檬及羅勒的清新香氣與橄欖油的風味十分搭調。
・如果希望口感輕盈一些，可以使用半量沙拉油來取代橄欖油。

檸檬果酪 [Q] 

【材料與事前準備】18cm磅蛋糕一個量

檸檬果酪
- 雞蛋…1個量（50g）
- 細砂糖…40g
- 玉米粉…5g
- 檸檬果汁…40g
- 奶油（無鹽款）…15g
  > 先放在冰箱冷藏室裡保冷

奶酥
- 發酵奶油（無鹽款）…20g
  > 先放在冰箱冷藏室裡保冷
- 細砂糖…20g
- 低筋麵粉…20g
- 杏仁粉…20g
- 鹽…1撮

發酵奶油（無鹽款）…105g
> 靜置至常溫

細砂糖…105g

檸檬皮…1/2個量
> 削下磨碎

雞蛋…2個量（100g）
> 靜置至常溫、以叉子打散

A
- 低筋麵粉…95g
- 杏仁粉…10g
- 發粉…1/4小匙

> 混合後過篩

糖粉…適量

＊在模型中鋪好烤盤紙。→P.8

＊在適當的時間先將烤箱預熱至180℃。

玉米粉

一種以玉蜀黍為原料製成的澱粉。經常用來為料理添加濃稠度。

【製作方式】

1 製作檸檬果酪。將雞蛋、砂糖、玉米粉依順序放入大碗中，每放入一樣東西就使用打蛋器攪拌。等到整體混合均勻後加入檸檬果汁，稍微混合一下。

2 將步驟1的材料放入小鍋中以中火加熱，加熱同時要用打蛋器不斷攪拌。等到材料變成黏稠膏狀、不會再留下打蛋器畫過的痕跡以後就關火ⓐ、添加奶油以餘溫一邊融化奶油一邊攪拌。

3 使用萬用濾網等一邊過濾材料，並將材料移到鋪了保鮮膜的耐熱托盤上ⓑ。調整為厚度約2cm的長方形後用保鮮膜包緊ⓒ，放進冷凍庫當中使其冷卻凝固。之後用菜刀切成16等分，分為40g、40g、30g三堆ⓓ以後再次放入冷凍庫當中。檸檬果酪完成。

4 製作奶酥。將奶酥的材料全部放入大碗當中，一邊切開奶油一邊灑上粉類。等到奶油變小塊以後，就以指尖捏碎奶油的方式，用手攪拌快速ⓔ。等到整體混合均勻，奶油成為算珠狀以後就放進冷凍室裡冷卻凝固。

5 將奶油、細砂糖、檸檬皮放入另一個大碗當中，以橡膠刮刀切割攪拌直到細砂糖完全與奶油融合。

6 以攪拌機的高速攪拌2分～2分30秒讓整體飽含空氣。

7 將雞蛋分為10次左右加入，每次添加都要以攪拌機高速攪拌30秒～1分鐘。

8 添加A粉類，以單手一邊旋轉大碗、一邊以橡膠刮刀自底下往上翻出，整體攪拌20～25次。還殘留一點粉感也OK。

9 刮落大碗側面及橡膠刮刀上的麵糊，一樣攪拌5～10次。等到沒有粉感、表面有光澤就OK。

10 將步驟9的麵糊1/3量倒入模型當中，以湯匙背面整平表面，周圍留下2cm左右空間，將步驟3的檸檬果酪40g放上去ⓕ。重複此一步驟，之後將剩下的步驟9麵糊都倒入後整平表面，把剩餘的30g果酪也放上去。果酪的空隙間灑上步驟4的奶酥ⓖ，放入預熱的烤箱烤50分鐘左右。

11 等到奶酥呈現淡金黃色、用竹籤戳下去不會沾到任何東西就完成了。連同烤盤紙一起從模型中取出，放在網架上冷卻。以茶篩將糖粉篩在蛋糕上。

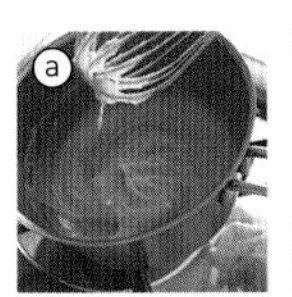
ⓐ

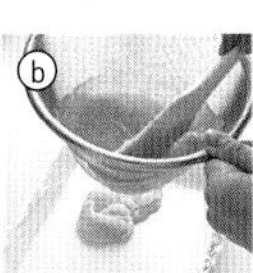
ⓑ

ⓒ

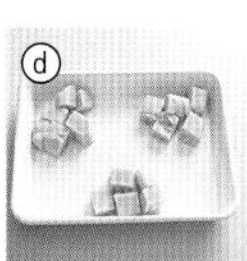
ⓓ

ⓔ

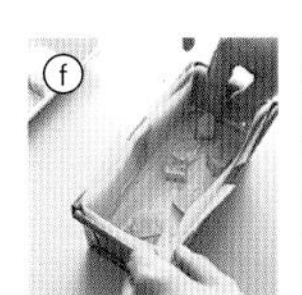
ⓕ

ⓖ

note

- 口味濃厚又黏稠的果酪與酥脆的奶酥口感相異。
- 為了避免檸檬果酪凝成塊狀，一定要一邊攪拌一邊加熱。冷卻固定之後分為40g、40g、30g時，只要分個大概即可。

香蕉蛋糕

添加小荳蔻能讓口味變得非常成熟、
搭配巧克力則能增添口感。
蛋糕本身容易損壞所以要冷藏保存。

巧克力香蕉布朗尼風格蛋糕［Q］
>P.39

香蕉小荳蔻 [H] 

【材料與事前準備】18cm磅蛋糕一個量

雞蛋…2個量（100g）
　>靜置至常溫

蔗糖…80g

沙拉油…50g

香蕉…50g＋1根
　>50g以叉子背面壓爛做成果泥狀ⓐ

A
- 低筋麵粉…100g
- 發粉…1/2小匙
- 小荳蔻粉…1小匙

　>混合後過篩

牛奶…50g

＊在模型中鋪好烤盤紙。→P.8

＊在適當的時間先將烤箱預熱至180℃。

【製作方式】

1 將雞蛋與細砂糖放入大碗中，使用攪拌機但不打開電動開關，輕輕攪拌後以高速攪拌1分鐘左右。

2 將沙拉油分4～5次加入，每次都以攪拌機高速攪拌10秒鐘左右。等到整體融合以後再使用低速繼續攪拌1分鐘左右，調整均勻度。

3 添加果泥狀的香蕉50g，以橡膠刮刀稍微拌一下。添加A粉類，以單手一邊旋轉大碗、一邊以橡膠刮刀自底下往上翻出，整體攪拌20次左右。還殘留一點粉感也OK。

4 將牛奶分5～6次以橡膠刮刀流入，每次倒入牛奶都攪拌5次左右，最後再攪拌5次。等到沒有粉感、表面有光澤就OK。

5 將步驟4的麵糊倒入模型當中，在檯面上敲2～3次排出多餘空氣，放入預熱的烤箱中烤30～35分鐘。烤了5分鐘左右之後，將1根香蕉對半縱切ⓑ。將模型取出後把香蕉切口朝上擺放，然後馬上放回烤箱繼續烘焙。

6 等到表面呈現淡金黃色、用竹籤戳下去不會沾到任何東西就完成了。敲打模型底部2～3次之後，連同烤盤紙一起從模型中取出，放在網架上冷卻。

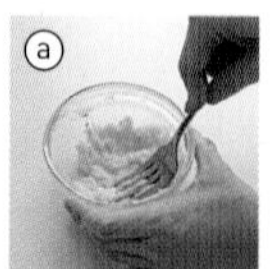
ⓐ

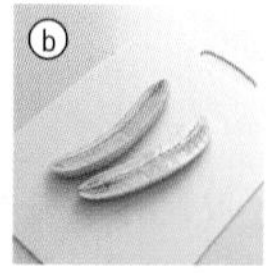
ⓑ

note

・香蕉的甘甜加上小荳蔻的清涼感會讓餘味十分清爽。

・由於添加了果泥狀的香蕉，因此吃起來的口感會比基本麵糊來得有彈性。

香蕉蛋糕 [Q] 

【材料與事前準備】18cm磅蛋糕一個量

發酵奶油（無鹽款）…115g
　>靜置至常溫

細砂糖…100g

雞蛋…2個量（100g）
　>靜置至常溫、以叉子打散

香蕉…55g＋75g
　>55g以叉子背面壓爛成為果泥狀；75g則以叉子背面大致磨碎到塊狀小於1cm左右ⓐ。

A
- 低筋麵粉…130g
- 發粉…不滿1小匙

　>混合後過篩

＊在模型中鋪好烤盤紙。→P.8

＊在適當的時間先將烤箱預熱至180℃。

【製作方式】

1 將奶油與細砂糖放進大碗當中，以橡膠刮刀切割攪拌直到細砂糖完全與奶油融合。

2 以攪拌機的高速攪拌2分～2分30秒讓整體飽含空氣。

3 將雞蛋分為10次左右加入，每次添加都要以攪拌機高速攪拌30秒～1分鐘。

4 添加果泥狀的香蕉55g，以橡膠刮刀稍微拌一下。添加A粉類，以單手一邊旋轉大碗、一邊以橡膠刮刀自底下往上翻出，整體攪拌20～25次。還殘留一點粉感也OK。

5 刮落大碗側面及橡膠刮刀上的麵糊，添加碎塊香蕉75g後一樣攪拌5～10次。等到沒有粉感、表面有光澤就OK。

6 將步驟5的麵糊放入模型當中，在檯面上敲2～3次，讓麵糊變得平坦，再以橡膠刮刀在中央壓出凹陷後放入預熱的烤箱中烤45分鐘左右。中途在過了15分鐘左右時，以沾了水的刀子在中央劃一道。

7 等到裂縫呈現淡金黃色、用竹籤戳下去不會沾到任何東西就完成了。連同烤盤紙一起從模型中取出，放在網架上冷卻。

ⓐ

note

・可以感受到香蕉自然甘甜的樸素溫和蛋糕。這是將我《風靡巴黎の新口感磅蛋糕》（海濱）一書中食譜改良過後的做法。

巧克力香蕉布朗尼風格蛋糕［Q］ 

【材料與事前準備】直徑15cm圓形模型一個量

發酵奶油（無鹽款）…100g
 ＞靜置至常溫

鹽…2撮

細砂糖…110g

雞蛋…2個量（100g）
 ＞靜置至常溫、以叉子打散

製菓用巧克力（甜味）…75g
 ＞剁碎以後放入大碗，隔水加熱融化ⓐ。

蘭姆酒…2小匙

鮮奶油（乳脂肪量35%）…30g

低筋麵粉…50g

香蕉…40g＋25g
 ＞40g切成1cm塊狀；25g切為5mm厚的圓片ⓑ。

發泡鮮奶油

- 鮮奶油（乳脂肪量35%）…170g
- 細砂糖…15g

＊在模型中鋪好烤盤紙。→P.9

＊在適當的時間先將烤箱預熱至180℃。

製菓用巧克力（甜口味）

我使用可可成分70%、VALRHONA的「グアナラ」。可可風味極強、能夠品嘗到巧克力原有的苦味。

蘭姆酒

原料使用蔗糖糖蜜過濾汁液做成的蒸餾酒。有黑、金、白的區分，製作點心時通常使用黑蘭姆酒。

鮮奶油（乳脂肪量35%）

使用動物性鮮奶油。建議使用乳脂肪量在35%上下的商品。

【製作方式】

1. 將奶油、鹽與細砂糖放進大碗當中，以橡膠刮刀切割攪拌直到細砂糖、鹽完全與奶油融合。
2. 以攪拌機的高速攪拌2分～2分30秒讓整體飽含空氣。
3. 將雞蛋分為10次左右加入，每次添加都要以攪拌機高速攪拌30秒～1分鐘。
4. 將步驟3的蛋液1/5量加入巧克力的大碗當中，以打蛋器攪拌均勻ⓒ，之後全部倒回步驟3的大碗當中ⓓ。依序添加蘭姆酒、鮮奶油，每次都用打蛋器將整體攪拌均勻。
5. 低筋麵粉過篩的同時加入上述材料當中，大動作攪拌。等到沒有粉感、表面面有光澤以後，就添加切為1cm塊狀的香蕉40g，用橡膠刮刀稍微攪拌一下。
6. 將步驟5的麵糊放入模型當中，在檯面上敲2～3次，讓麵糊變得平坦，擺上切成圓片的香蕉25g，放入預熱的烤箱中烤50分鐘左右。
7. 等到呈現淡金黃色、用竹籤戳下去表面不會沾到任何東西、但中心處會有些許麵糊，就完成了。連同模型放在網架上冷卻。
8. 製作發泡鮮奶油。將鮮奶油與細砂糖放入大碗中，將大碗放在冰水上，使用打蛋器攪拌鮮奶油與細砂糖。等到黏稠度變高、撈起時不會留下痕跡就OK（打到七分）。
9. 將步驟7的烤盤紙及模型一起拿掉，切為個人喜好的尺寸大小之後淋上發泡鮮奶油。

ⓐ 

ⓑ 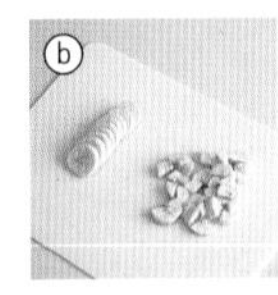

ⓒ 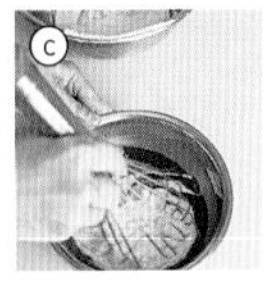

ⓓ 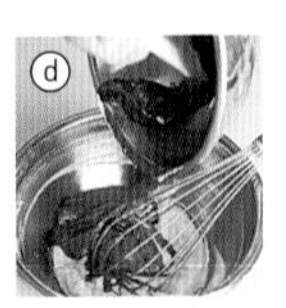

note

- 以蘭姆酒及鹽巴打造出稍帶成熟風格的布朗尼風味蛋糕。可憑個人喜好混入堅果、或灑在蛋糕表面上。
- 如果要做給兒童而希望拿掉蘭姆酒，那麼不加也沒關係。
- 巧克力先混入少量蛋液，等到濃度接近以後再整個添加進去，比較能夠避免凝固不均勻的情況。
- 剛烤好會膨脹起來，不過放了一些時間就會縮小。由於是非常濕潤的麵糊，因此要留在模型當中冷卻。
- 香蕉非常容易受損，最好使用冷藏保存。保存時間大約是4～5天。

夏季水果蛋糕

夏天的清爽水果們，
十分適合做蛋糕。
打造出暑熱季節中也非常美味的食譜。

萊姆優格［H］
>P.42

藍莓椰子［Q］
>P.42

葡萄柚與牛奶巧克力［G］
>P.43

芒果百香果［Q］
>P.43

藍莓椰子［Q］ 

【材料與事前準備】18cm磅蛋糕一個量

發酵奶油（無鹽款）…105g
　＞靜置至常溫
細砂糖…105g
檸檬皮…1/2個量
雞蛋…2個量（100g）
　＞靜置至常溫、以叉子打散
A「低筋麵粉…105g
　└發粉…1/4小匙
　＞混合後過篩
椰子絲…25g＋10g
藍莓…70g

＊在模型中鋪好烤盤紙。→P.8
＊在適當的時間先將烤箱預熱至180℃。

note
・檸檬的酸味能夠凸顯出材料的口味。

【製作方式】

1　將奶油與細砂糖放進大碗當中，同時削下檸檬皮加入。以橡膠刮刀切割攪拌直到細砂糖完全與奶油融合。
2　以攪拌機的高速攪拌2分～2分30秒讓整體飽含空氣。
3　將雞蛋分為10次左右加入，每次添加都要以攪拌機高速攪拌30秒～1分鐘。
4　添加A粉類及椰子絲25g，以單手一邊旋轉大碗、一邊以橡膠刮刀自底下往上翻出，整體攪拌20～25次。還殘留一點粉感也OK。
5　刮落大碗側面及橡膠刮刀上的麵糊，一樣攪拌5～10次。等到沒有粉感、表面有光澤就OK。
6　將步驟**5**的麵糊1/3量放入模型當中，整平表面後在周遭留下2cm空間，放上1/2量的藍莓ⓐ。重覆以上步驟一次，將剩下的步驟**5**麵糊都倒入模型後整平表面。灑上10g椰子絲，放入預熱的烤箱中烤45分鐘左右。中途在過了15分鐘左右時，以沾了水的刀子在中央劃一道。
7　等到裂縫呈現淡金黃色、用竹籤戳下去不會沾到任何東西就完成了。連同烤盤紙一起從模型中取出，放在網架上冷卻。

萊姆優格［H］ 

【材料與事前準備】18cm磅蛋糕一個量

雞蛋…2個量（100g）
　＞靜置至常溫
細砂糖…80g
沙拉油…50g
A｜原味優格（無糖）…120g
　｜萊姆皮…1/2個量
　｜　＞削下磨碎
　｜萊姆果汁…1大匙
　＞混合在一起
B「低筋麵粉…120g
　└發粉…1/2小匙
　＞混合後過篩

糖霜
｜糖粉…40g
｜萊姆果汁…1又1/2小匙
萊姆皮…適量

＊在模型中鋪好烤盤紙。→P.8
＊在適當的時間先將烤箱預熱至180℃。

【製作方式】

1　將雞蛋與細砂糖放入大碗中，使用攪拌機但不打開電動開關，輕輕攪拌後以高速攪拌1分鐘左右。
2　將沙拉油分4～5次加入，每次都以攪拌機高速攪拌10秒鐘左右。等到整體融合以後再使用低速繼續攪拌1分鐘左右，調整均勻度。添加A材料，再用低速攪拌10秒左右。
3　添加B粉類，以單手一邊旋轉大碗、一邊以橡膠刮刀自底下往上翻出，整體攪拌20次左右。還殘留一點粉感也OK。
4　將步驟**3**的麵糊倒入模型當中，在檯面上敲2～3次排出多餘空氣，放入預熱的烤箱中烤30分鐘左右。中途在過了10分鐘左右時，以沾了水的刀子在中央劃一道。
5　等到裂縫呈現淡金黃色、用竹籤戳下去不會沾到任何東西就完成了。敲打模型底部2～3次之後，連同烤盤紙一起從模型中取出，放在網架上冷卻。
6　製作糖霜。使用萬用濾網將糖粉篩到大碗當中，慢慢添加萊姆果汁，以湯匙攪拌均勻。舀起後使其緩慢流下，落下後大約10秒左右會消失是較為適當的硬度。
7　等到步驟**5**的蛋糕冷卻以後，將烤箱預熱至200℃。在烤箱的托盤上鋪好烤盤紙後放上蛋糕，以湯匙將步驟**6**的糖霜塗抹在蛋糕上層，放入預熱的烤箱加熱約1分鐘左右，放在網架上乾燥，同時灑上削下的萊姆皮。

note
・添加優格而口味溫和的蛋糕。也可以使用其他柑橘類代替萊姆。

葡萄柚與牛奶巧克力 [G] 

【材料與事前準備】18cm磅蛋糕一個量

發酵奶油（無鹽款）…80g
雞蛋…2個量（100g）
細砂糖…80g
粉紅葡萄柚…1個（果肉50g）
　＞將1/2量的皮削下磨碎。剩下的部分則上下切去薄薄一片，連同薄皮一起縱切下來ⓐ。將刀子伸進薄皮與果肉之間，取下一片片果肉，並且用手撕碎。放在濾網上瀝乾ⓑ。
低筋麵粉…100g
製菓用巧克力（牛奶口味）…15g
　＞切碎

＊準備隔水加熱用的熱水（約70℃）。
＊在模型中鋪好烤盤紙。→P.8
＊在適當的時間先將烤箱預熱至170℃。

note

・使用粉紅葡萄柚是因為紅色比較可愛，也可以使用白柚。為了避免破壞果肉，撕的時候要小心點。

【製作方式】

1 將奶油放入大碗中，隔水加熱融化，然後從熱水當中取出放在一旁（在步驟2將蛋液大碗隔水加熱完以後要再次隔水加熱）。
2 將雞蛋與細砂糖放入另一個大碗中，使用攪拌機但不打開電動開關，輕輕攪拌。然後一邊隔水加熱、一邊以低速攪拌約20秒左右，之後從熱水中取出。然後以高速攪拌2分～2分30秒左右使蛋液飽含空氣，最後再以低速打1分鐘左右使其均勻。
3 一邊篩低筋麵粉一邊將麵粉加入蛋液當中，以單手一邊旋轉大碗、一邊以橡膠刮刀自底下往上翻出，整體攪拌20次左右。還殘留一點粉感也OK。
4 將步驟1的奶油分5～6次以橡膠刮刀流入大碗當中，每次倒入都攪拌5～10次。等到沒有粉感、表面有光澤就加入葡萄柚果肉與巧克力，大動作攪拌2～3次。
5 將步驟4的材料放入模型當中，在檯面上敲2～3次釋出多餘空氣，放入預熱的烤箱中烤30～35分鐘。中途在過了10分鐘左右時，以沾了水的刀子在中央劃一道。
6 等到裂縫呈現淡金黃色、用竹籤戳下去不會沾到任何東西就完成了。敲打模型底部2～3次之後連同烤盤紙一起從模型中取出，放在網架上冷卻。

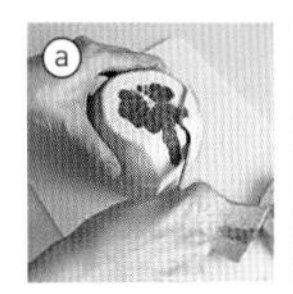
ⓐ

ⓑ

芒果百香果 [Q] 

【材料與事前準備】18cm磅蛋糕一個量

芒果與百香果果漿
　冷凍芒果…120g
　細砂糖…30g
　百香果…1個（40g）
　檸檬果汁…1大匙
發酵奶油（無鹽款）…105g
　＞靜置至常溫
細砂糖…105g
雞蛋…2個量（100g）
　＞靜置至常溫、以叉子打散
A 低筋麵粉…105g
A 發粉…1/4小匙
　＞混合後過篩
奶油起司…40g
　＞剝成塊狀

＊在模型中鋪好烤盤紙。→P.8
＊在適當的時間先將烤箱預熱至180℃。

【製作方式】

1 製作芒果與百香果果漿。將芒果與細砂糖放入大碗中以中火加熱，不時以木刮刀攪拌、壓碎芒果至還留下些許塊狀，熬煮5分鐘同時一邊攪拌。等到有濃稠感之後就關火，將百香果對切一半，加入種子及果汁，然後加入檸檬果汁。再次以中火加熱，煮滾之後熬2～3分鐘ⓐ，將材料移到耐熱大碗中放涼，放進冰箱冷藏保存。
2 與左頁「藍莓椰子」步驟1～7相同。但是步驟1不需添加檸檬皮。步驟4不需要椰子絲。步驟6以步驟1當中的芒果與百香果果漿1/2量取代藍莓1/2量、並且放上1/2量的奶油起司ⓑ。不需要椰子絲。

ⓐ

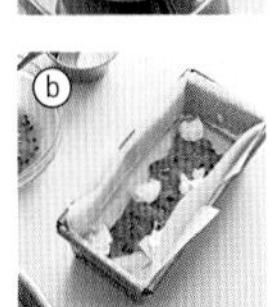
ⓑ

note

・具有果漿濃郁酸甜、以及奶油起司柔和魅力的蛋糕。
・果漿可以使用橘子取代一部分芒果、或者添加香蕉等，各種熱帶水果都可以。完成品控制在大約80g。

香草蛋糕

如果是添加了香草而口味清爽的磅蛋糕，
即使夏天應該也一口接一口吧。
做順手了以後也可以
嘗試其他的香草。

薄荷巧克力 [G] 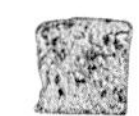

【材料與事前準備】18cm磅蛋糕一個量

發酵奶油（無鹽款）…80g
雞蛋…2個量（100g）
細砂糖…80g
低筋麵粉…90g
薄荷葉…8g
> 切絲
製菓用巧克力（甜味）…10g
> 剁碎
巧克力醬
製菓用巧克力（甜味）…50g
牛奶…50g
沙拉油…10g

* 準備隔水加熱用的熱水（約70℃）。
* 在模型中鋪好烤盤紙。→P.8
* 在適當的時間先將烤箱預熱至170℃。

【製作方式】

1 將奶油放入大碗中，隔水加熱融化，然後從熱水當中取出放在一旁（在步驟**2**將蛋液大碗隔水加熱完以後要再次隔水加熱）。
2 將雞蛋與細砂糖放入另一個大碗中，使用攪拌機但不打開電動開關，輕輕攪拌。然後一邊隔水加熱、一邊以低速攪拌約20秒左右，之後從熱水中取出。然後以高速攪拌2分～2分30秒左右使蛋液飽含空氣，最後再以低速打1分鐘左右使其均勻。
3 一邊篩低筋麵粉一邊將麵粉加入蛋液當中，以單手一邊旋轉大碗、一邊以橡膠刮刀自底下往上翻出，整體攪拌20次左右。還殘留一點粉感也OK。
4 將步驟**1**的奶油分5～6次以橡膠刮刀流入大碗當中，每次倒入都攪拌5～10次。等到沒有粉感、表面有光澤就添加薄荷葉與巧克力，大動作攪拌5次左右。
5 將步驟**4**的材料放入模型當中，在檯面上敲2～3次釋出多餘空氣，放入預熱的烤箱中烤30～35分鐘。中途在過了10分鐘左右時，以沾了水的刀子在中央劃一道。
6 等到裂縫呈現淡金黃色、用竹籤戳下去不會沾到任何東西就完成了。敲打模型底部2～3次之後連同烤盤紙一起從模型中取出，放在網架上冷卻。
7 製作巧克力醬。將巧克力剁碎放入大碗當中，一邊隔水加熱一邊以橡膠刮刀攪拌融化ⓐ、從隔水加熱狀態下取出。將牛奶倒入耐熱杯中，不包保鮮膜以微波爐加熱50～55秒到瀕臨煮沸狀態。將牛奶及沙拉油依序加入巧克力的大碗當中，每加一樣東西就穩定攪拌使整體均勻。
8 將步驟**6**的蛋糕切為適當大小，淋上步驟**7**的巧克力醬。

note
・能夠確實感受到薄荷，口味柔和的蛋糕。淋上濃厚的巧克力醬能夠加凸顯出薄荷的香氣。

ⓐ

香草蜂蜜 [G] 

【材料與事前準備】18cm磅蛋糕一個量

發酵奶油（無鹽款）…80g
雞蛋…2個量（100g）
細砂糖…50g
蜂蜜…30g
百里香…1枝＋適量
> 1枝摘下葉片
迷迭香…1/3枝＋適量
> 1/3枝摘下葉片並切碎
低筋麵粉…95g

* 準備隔水加熱用的熱水（約70℃）。
* 在模型中鋪好烤盤紙。→P.8
* 在適當的時間先將烤箱預熱至170℃。

【製作方式】

1 與上述「薄荷巧克力」步驟**1**～**6**相同。但是步驟**2**當中除了雞蛋與細砂糖以外還要同時添加蜂蜜，在以低速調整均勻度以前添加1枝量的百里香葉片、以及剁碎的迷迭香葉片1/3量。步驟**4**當中不需要加薄荷葉及巧克力。步驟**5**中敲好模型以後，灑上適量百里香及迷迭香再放入烤箱。不需要途中拿出來劃一刀。

note
・添加在麵糊當中的百里香葉片及迷迭香，用量大約是各1/2小匙。
・喜歡的話也可以在蜂蜜當中添加少許柑橘類削下的皮。

夏季鹹蛋糕

使用油品製作的鹹蛋糕
由於麵團輕盈因此也很適合夏季。
泡菜（P.49）意外的非常對味，還請務必試試。

橄欖與迷你番茄 [S]

【材料與事前準備】18cm磅蛋糕一個量

雞蛋…2個量（100g）
> 靜置至常溫

沙拉油…60g

牛奶…50g

起司粉…30g

鮪魚（罐頭、油漬）…60g
> 瀝掉罐頭裡的湯汁，輕輕擰乾ⓐ

黑橄欖（去種子）…6個＋4個
> 6個切為寬2～3mm、4個切對半ⓑ

鯷魚（切片）…4片＋2片
> 4片剁碎、2片對半撕開

迷你番茄…6個＋6個

A
- 低筋麵粉…100g
- 發粉…1小匙
- 鹽…1/4小匙
- 粗磨黑胡椒…少許

> 混合後過篩

＊在模型中鋪好烤盤紙。→P.8

＊在適當的時間先將烤箱預熱至180℃。

【製作方式】

1 將雞蛋與沙拉油放入大碗當中，以打蛋器攪拌至兩者完全均勻。添加牛奶並攪拌均勻。

2 將起司粉、鮪魚、切為寬2mm～3mm的黑橄欖6個、剁碎的鯷魚4片、迷你番茄6個也添加進去，以長筷輕輕攪拌。

3 添加A粉類，以單手一邊旋轉大碗、一邊以長筷自底下往上翻出，整體攪拌15～20次。以橡膠刮刀刮落大碗側面的麵糊，一樣攪拌1～2次，還殘留一點粉感也OK。

4 將步驟**3**的麵糊倒入模型當中，在檯面上敲2～3次排出多餘空氣，以橡膠刮刀稍微整平表面。將對半切開的黑橄欖4個、對半撕開的鯷魚2片、迷你番茄6個放上去，放入預熱的烤箱中烤30～35分鐘。

5 表面呈現淡金色、以竹籤戳入不會沾到東西就完成了。將整個模型放在網架上，等到不燙以後再連同烤盤紙整個取出冷卻。

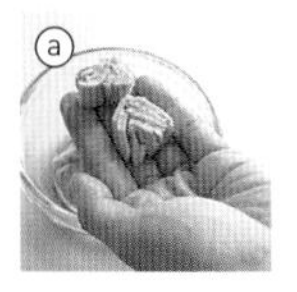
ⓐ

ⓑ

note

・以南法尼斯風格沙拉為概念製作的蛋糕。放鵪鶉蛋進去、或者添些百里香、迷迭香也會非常搭調。

・鮪魚罐頭若有塊狀的會更合適。

醬油奶油味玉米 [S]

【材料與事前準備】18cm磅蛋糕一個量

拌炒玉米
- 奶油（無鹽款）…10g
- 培根（塊狀）…70g
  > 切為1cm方塊
- 玉米粒（罐頭）…180g
  > 瀝掉罐頭湯汁
- 醬油…2小匙

雞蛋…2個量（100g）
> 靜置至常溫

沙拉油…60g

牛奶…50g

格呂耶爾起司（起司條）…30g

A
- 低筋麵粉…100g
- 發粉…1小匙
- 鹽…1/4小匙
- 粗磨黑胡椒…少許

> 混合後過篩

＊在模型中鋪好烤盤紙。→P.8

＊在適當的時間先將烤箱預熱至180℃。

【製作方式】

1 拌炒玉米。將奶油放在平底鍋中以中火加熱融化，拌炒培根與玉米。等到玉米稍微有焦色後ⓐ就沿著鍋邊加入醬油，取出來放在托盤上冷卻。

2 與上述「橄欖與迷你番茄」步驟**1**～**5**相同。但是步驟**2**當中以格呂耶爾起司及步驟**1**的拌炒玉米取代起司粉、鮪魚、黑橄欖、鯷魚及迷你番茄。步驟**4**當中不需要黑橄欖、鯷魚及迷你番茄。

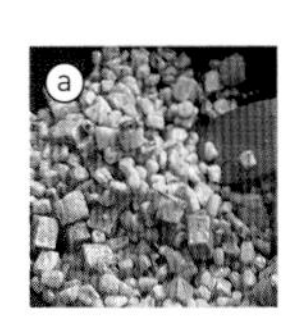
ⓐ

note

・此食譜使用格呂耶爾起司，香氣會比使用起司粉更棒。

海鮮咖哩 [S] 

【材料與事前準備】18cm磅蛋糕一個量

雞蛋…2個量（100g）
　> 靜置至常溫

沙拉油…60g

牛奶…50g

起司粉…30g

拌炒海鮮

　沙拉油…1/2大匙
　冷凍綜合海鮮…200g
　　> 解凍後以廚房紙巾擦乾
　綠蘆筍…70g
　　> 削去較硬的外皮，穗的部分切為7cm、剩下的部分切成4cm ⓐ。

　> 沙拉油在平底鍋中以中火加熱，拌炒綜合海鮮。海鮮熟了以後就添加蘆筍快速拌炒一下，放在托盤上冷卻。最後裝飾用的蘆筍穗拿起來放在一邊。

A
　低筋麵粉…100g
　發粉…1小匙
　咖哩粉…1又1/2小匙
　鹽…1/4小匙
　粗磨黑胡椒…少許
　> 混合後過篩

粗磨黑胡椒…適量

＊在模型中鋪好烤盤紙。→P.8

＊在適當的時間先將烤箱預熱至180℃。

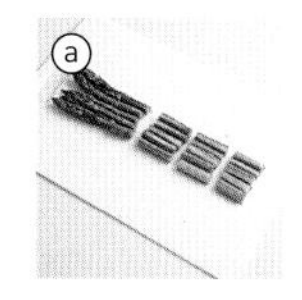
ⓐ

【製作方式】

1 將雞蛋與沙拉油放入大碗當中，以打蛋器攪拌至兩者完全均勻。添加牛奶並攪拌均勻。
2 將起司粉、拌炒海鮮也添加進去，以長筷輕輕攪拌。
3 添加A粉類，以單手一邊旋轉大碗、一邊以長筷自底下往上翻出，整體攪拌15～20次。刮落大碗側面及橡膠刮刀上的麵糊，一樣攪拌1～2次，還殘留一點粉感也OK。
4 將步驟3的麵糊倒入模型當中，在檯面上敲2～3次排出多餘空氣，以橡膠刮刀稍微整平表面。擺上蘆筍穗之後灑點黑胡椒，放入預熱的烤箱中烤30～35分鐘。
5 等到表面呈現淡金色、以竹籤戳入不會沾到東西就完成了。將整個模型放在網架上，等到不燙以後再連同烤盤紙整個取出冷卻。

note

・小孩子也能輕鬆入口的咖哩口味。
・拌炒海鮮與蘆筍的口感對比絕讚。拌炒海鮮可以使用自己喜歡的配料，為了避免蛋糕變得水水的，要好好擦乾。

泡菜與韓國海苔 [S] 

【材料與事前準備】18cm磅蛋糕一個量

雞蛋…2個量（100g）
　> 靜置至常溫

沙拉油…60g

牛奶…25g

白菜泡菜…120g
　> 稍微瀝掉湯汁並剁成大塊

韓國海苔（8開大小）
　…4張＋2張

A
　低筋麵粉…100g
　發粉…1小匙
　鹽…1/4小匙
　> 混合後過篩

烘焙白芝麻…適量

＊在模型中鋪好烤盤紙。→P.8

＊在適當的時間先將烤箱預熱至180℃。

【製作方式】

1 與上述「海鮮咖哩」步驟1～5相同。但是步驟2當中以泡菜取代起司粉及拌炒海鮮，輕輕攪拌後再將4張韓國海苔撕成一口大小加入，稍微混合一下。步驟4當中將2張韓國海苔撕成一半插進麵糊當中ⓐ取代綠蘆筍及黑胡椒，最後灑上芝麻。

ⓐ

note

・韓國風蛋糕。只需要添加泡菜及韓國海苔，因此準備起來也很簡單。
・由於泡菜本身含有水分，因此減少牛奶用量。另外，泡菜本身就非常夠味，因此A粉類當中可以不加黑胡椒。

Automne

口味豐富秋季蛋糕

栗子黑醋栗［Q］
>P.52

白蘭地柿乾［Q］
>P.52

收成豐碩秋季蛋糕

秋季食材非常豐富，要構思磅蛋糕用的組合，
似乎靈感源源不盡呢。
甜點季節也降臨了。

南瓜蔓越莓［H］
>P.53

栗子黑醋栗 [Q] 

【材料與事前準備】18cm磅蛋糕一個量

糖煮栗子…100g
蘭姆酒…1大匙+20g
發酵奶油（無鹽款）…105g
 > 靜置至常溫
細砂糖…105g
雞蛋…2個量（100g）
 > 靜置至常溫、以叉子打散
A ┌ 低筋麵粉…90g
 │ 杏仁粉…15g
 └ 發粉…1/4小匙
 > 混合後過篩
冷凍黑醋栗…20g

＊在模型中鋪好烤盤紙。→P.8
＊在適當的時間先將烤箱預熱至180℃。

【製作方式】

1 將栗子切為4等分，泡在1大匙蘭姆酒中ⓐ靜置30分鐘以上。
2 將奶油與細砂糖放進大碗當中，以橡膠刮刀切割攪拌直到細砂糖完全與奶油融合。
3 以攪拌機的高速攪拌2分～2分30秒讓整體飽含空氣。
4 將雞蛋分為10次左右加入，每次添加都要以攪拌機高速攪拌30秒～1分鐘。
5 添加步驟**1**當中的栗子（連同蘭姆酒一起），以橡膠刮刀稍微攪拌一下。添加A粉類，以單手一邊旋轉大碗、一邊以橡膠刮刀自底下往上翻出，整體攪拌20～25次。還殘留一點粉感也OK。
6 刮落大碗側面及橡膠刮刀上的麵糊，一樣攪拌5～10次。等到沒有粉感、表面有光澤就加入黑醋栗，大動作攪拌3～5次。
7 將步驟**6**的麵糊放入模型當中，在檯面上敲2～3次，讓麵糊變得平坦，再以橡膠刮刀在中央壓出凹陷後放入預熱的烤箱中烤50分鐘左右。中途在過了15分鐘左右時，以沾了水的刀子在中央劃一道。
8 等到裂縫呈現淡金黃色、用竹籤戳下去不會沾到任何東西就完成了。連同烤盤紙一起從模型中取出，趁蛋糕還熱的時候將20g蘭姆酒刷在蛋糕上面及側面。馬上用保鮮膜包起，靜置冷卻。

ⓐ

note

- 這是法國點心中常見的搭配，是絕對美味的組合。
- 黑醋栗解凍之後容易變得水水的，因此在使用以前都要放在冷凍庫當中。
- 如果想給兒童食用而不想添加酒精的話，可以不使用蘭姆酒。

白蘭地柿乾 [Q] 

【材料與事前準備】18cm磅蛋糕一個量

柿乾…100g
白蘭地…2大匙+20g
發酵奶油（無鹽款）…105g
 > 靜置至常溫
細砂糖…105g
雞蛋…2個量（100g）
 > 靜置至常溫、以叉子打散
A ┌ 低筋麵粉…105g
 └ 發粉…1/4小匙
 > 混合後過篩

＊在模型中鋪好烤盤紙。→P.8
＊在適當的時間先將烤箱預熱至180℃。

【製作方式】

1 與上述「栗子黑醋栗」步驟**1**～**8**相同。但是步驟**1**當中以剁成大塊的柿乾取代栗子，搭配的是2大匙白蘭地ⓐ浸泡3小時～一整晚。步驟**5**當中添加柿乾而非栗子。步驟**6**不需要黑醋栗。步驟**8**塗抹白蘭地而非蘭姆酒。

ⓐ

note

- 使用和風材料製作的白蘭地蛋糕。是能夠享受芳醇香氣的成熟口味。
- 如果白蘭地沒有完全被柿乾吸收，就把剩下的白蘭地也倒進去混合。

南瓜蔓越莓［H］ 

【材料與事前準備】18cm磅蛋糕一個量

雞蛋…2個量（100g）
　＞靜置至常溫

蔗糖…80g

沙拉油…50g

南瓜（已削皮）…120g
　＞切為薄片之後放入耐熱大碗中，包上保鮮膜以微波爐加熱3分鐘左右。趁熱的時候用叉子搗碎ⓐ。

乾燥蔓越莓…50g
　＞淋上熱水ⓑ，以廚房紙巾擦乾

A ┌ 低筋麵粉…100g
　└ 發粉…1/2小匙
　＞混合後過篩

＊在模型中鋪好烤盤紙。→P.8

＊在適當的時間先將烤箱預熱至180℃。

【製作方式】

1 將雞蛋與蔗糖放入大碗中，使用攪拌機但不打開電動開關，輕輕攪拌後以高速攪拌1分鐘左右。

2 將沙拉油分4～5次加入，每次都以攪拌機高速攪拌10秒鐘左右。等到整體融合以後再使用低速繼續攪拌1分鐘左右，調整均勻度。加入南瓜之後，再用低速攪拌10秒鐘左右。

3 添加蔓越莓，以橡膠刮刀稍微攪拌一下。添加A粉類，以單手一邊旋轉大碗、一邊以橡膠刮刀自底下往上翻出，整體攪拌20次左右。還殘留一點粉感也OK。

4 刮落大碗側面及橡膠刮刀上沾附的麵糊，一樣攪拌5～10次。沒有粉感就OK了。

5 將步驟4的麵糊倒入模型當中，在檯面上敲2～3次排出多餘空氣，放入預熱的烤箱中烤30～35分鐘。中途在過了10分鐘左右時，以沾了水的刀子在中央劃一道。

6 等到裂縫呈現淡金黃色、用竹籤戳下去不會沾到任何東西就完成了。敲打模型底部2～3次之後，連同烤盤紙一起從模型中取出，放在網架上冷卻。

ⓐ

ⓑ
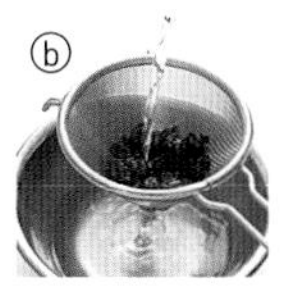

note

・南瓜不需要使用濾網壓碎，用叉子搗碎即可。留下一些顆粒狀能作為口感重點。
・南瓜本身就有水分，因此不需要添加牛奶。
・可以隨個人喜好添加肉桂粉或者堅果等。也可以用葡萄乾取代蔓越莓。

秋日下午茶時間

在悠閒的氣氛中享用茶或咖啡製成的
磅蛋糕作為點心，
愉快度過下午茶時間。

大吉嶺葡萄［Q］
>P.56

印度奶茶［H］
>P.57

咖啡蘭姆葡萄［Q］
>P.56

大吉嶺葡萄［Q］ 

【材料與事前準備】直徑15cm圓形模型一個量

發酵奶油（無鹽款）…105g
> 靜置至常溫

細砂糖…105g

雞蛋…2個量（100g）
> 靜置至常溫、以叉子打散

A
- 低筋麵粉…90g
- 杏仁粉…15g
- 發粉…1/4小匙

> 混合後過篩

紅茶茶葉（大吉嶺）…4g
> 以保鮮膜包起，用擀麵棍壓碎之後與A粉類混在一起。

葡萄…60g＋85g
> 將連皮的葡萄60g切為4等分，另外85g則對半切開（若有籽就取出）。

杏仁角（已烘烤）…10g

＊在模型中鋪好烤盤紙。→P.9
＊在適當的時間先將烤箱預熱至180℃。

【製作方式】

1 將奶油與細砂糖放進大碗當中，以橡膠刮刀切割攪拌直到細砂糖完全與奶油融合。
2 以攪拌機的高速攪拌2分～2分30秒讓整體飽含空氣。
3 將雞蛋分為10次左右加入，每次添加都要以攪拌機高速攪拌30秒～1分鐘。
4 添加混入紅茶茶葉的A粉類，以單手一邊旋轉大碗、一邊以橡膠刮刀自底下往上翻出，整體攪拌20～25次。還殘留一點粉感也OK。
5 刮落大碗側面及橡膠刮刀上的麵糊，一樣攪拌5～10次。等到沒有粉感、表面有光澤就OK。
6 將步驟5的麵糊1/2量放入模型當中，以湯匙背面等物品整平表面，周遭留下2cm空間後放上切為4等分的60g葡萄，倒入剩下的麵糊後整平表面，周遭留下2cm空間後排上對半切開的85g葡萄，灑上杏仁角。放進預熱的烤箱烤55分鐘左右。
7 等到表面呈現淡金黃色、用竹籤戳下去不會沾到任何東西就完成了。連同烤盤紙一起從模型中取出，放在網架上冷卻。

note
・若是紅茶茶葉較粗或者堅硬，可以使用研缽來磨細。使用伯爵茶也很對味。
・葡萄推薦使用巨峰或者貓眼這類口味紮實的品種。

咖啡蘭姆葡萄［Q］ 

【材料與事前準備】18cm磅蛋糕一個量

發酵奶油（無鹽款）…105g
> 靜置至常溫

細砂糖…105g

雞蛋…2個量（100g）
> 靜置至常溫、以叉子打散

蘭姆葡萄
- 葡萄乾…80g
- 蘭姆酒…2大匙

> 葡萄乾淋過熱水後用廚房紙巾擦乾。浸泡在蘭姆酒中ⓐ靜置3小時～整晚。

咖啡液
- 即溶咖啡（顆粒狀）…6g
- 蘭姆酒…2小匙

> 將即溶咖啡分2次加入蘭姆酒溶化ⓑ，先用保鮮膜包起來。

A
- 低筋麵粉…105g
- 發粉… 1/4小匙

> 混合後過篩

即溶咖啡（顆粒狀）…1g

＊在模型中鋪好烤盤紙。→P.8
＊在適當的時間先將烤箱預熱至180℃。

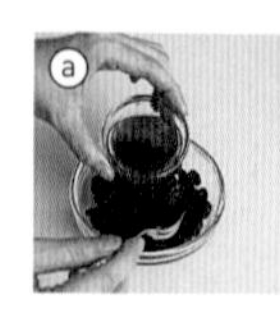
ⓐ

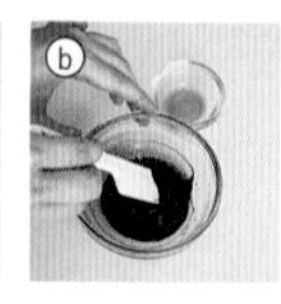
ⓑ

note
・即溶咖啡最後才添加進去，攪拌到顆粒沒有完全溶解的狀態，會成為口感及口味重點。

【製作方式】

1 與上述「大吉嶺葡萄」步驟1～5相同。但是步驟3在攪拌完畢以後要添加蘭姆葡萄（連同蘭姆酒一起加入）及咖啡液，然後再用低速攪拌10秒左右。步驟4當中不需要紅茶茶葉。步驟5在表面有光澤以後便添加即溶咖啡，大動作攪拌2～3次。
2 將步驟1的麵糊倒入模型當中，在檯面上敲2～3次，讓麵糊變得平坦，再以橡膠刮刀在中央壓出凹陷後放入預熱的烤箱中烤50分鐘左右。中途在過了15分鐘左右時，以沾了水的刀子在中央劃一道。
3 等到裂縫呈現淡金黃色、用竹籤戳下去不會沾到任何東西就完成了。連同烤盤紙一起從模型中取出，放在網架上冷卻。

印度奶茶［H］ 

【材料與事前準備】18cm磅蛋糕一個量

印度奶茶
- 紅茶茶葉（阿薩姆）…6g
- 熱水…20g
- 牛奶…50g

雞蛋…2個量（100g）
＞靜置至常溫

蔗糖…80g

沙拉油…50g

A
- 低筋麵粉…100g
- 多香果粉…1/2小匙
- 肉桂粉…1/4小匙
- 發粉…1/2小匙

＞混合後過篩

糖霜
- 糖粉…45g
- 肉桂粉…1/2小匙
- 水…1小匙

＊在模型中鋪好烤盤紙。→P.8

＊在適當的時間先將烤箱預熱至180℃。

紅茶茶葉（阿薩姆）

產於印度東北部阿薩姆地區的紅茶。具有芳醇的香氣、非常濃郁，適合沖泡奶茶。

多香果粉

一種辛香料，具有肉桂、丁香、肉豆蔻混合在一起的香氣。非常適合搭配水果及點心。

【製作方式】

1. 製作印度奶茶。將紅茶茶葉以保鮮膜包好，使用擀麵棍碾碎。放入耐熱大碗當中注入熱水，包上保鮮膜燜2分鐘左右。將牛奶放入另一個大碗中，以微波爐加熱40～50秒使其溫熱，添加至紅茶的大碗當中ⓐ。再次包上保鮮膜靜置冷卻，使香氣轉移至牛奶當中。
2. 將雞蛋與蔗糖放入大碗中，使用攪拌機但不打開電動開關，輕輕攪拌後以高速攪拌1分鐘左右。
3. 將沙拉油分4～5次加入，每次都以攪拌機高速攪拌10秒鐘左右。等到整體融合以後再使用低速繼續攪拌1分鐘左右，調整均勻度。
4. 添加A粉類，以單手一邊旋轉大碗、一邊以橡膠刮刀自底下往上翻出，整體攪拌20次左右。還殘留一點粉感也OK。
5. 將步驟**1**的印度奶茶（連同茶葉）分5～6次以橡膠刮刀流入，每次倒入牛奶都攪拌5次左右，最後再攪拌5次。等到沒有粉感、表面有光澤就OK。
6. 將步驟**5**的麵糊倒入模型當中，在檯面上敲2～3次排出多餘空氣，放入預熱的烤箱中烤30～35分鐘。中途在過了10分鐘左右時，以沾了水的刀子在中央劃一道。
7. 等到裂縫呈現淡金黃色、用竹籤戳下去不會沾到任何東西就完成了。敲打模型底部2～3次之後，連同烤盤紙一起從模型中取出，放在網架上冷卻。
8. 製作糖霜。使用萬用濾網將糖粉及肉桂粉篩到大碗當中，慢慢添加水，以湯匙攪拌均勻。舀起後使其緩慢流下，落下後大約5～6秒會消失是較為適當的硬度。
9. 等到步驟**7**的蛋糕冷卻以後，將烤箱預熱至200℃。在烤箱的托盤上鋪好烤盤紙後放上蛋糕，以湯匙將步驟**8**的糖霜塗抹在蛋糕上層、灑上玫瑰花瓣與乾燥覆盆子。放入預熱的烤箱加熱約1分鐘左右，放在網架上乾燥。

note

- 紅茶推薦使用阿薩姆基底或者印度奶茶用的款式。最好用比較適合奶茶、有著醇厚濃稠口味的。
- 除了印度奶茶的香氣以外再多添加香料，能使口味更有深度。

焦糖蛋糕

濃郁香甜的焦糖
實在是點心中的招牌。當然也非常適合做磅蛋糕，
搭配水果也極為美味。

莓果佛羅倫丁［Q］
>P.60

焦糖洋梨大理石蛋糕［Q］
>P.60

焦糖［Q］
>P.61

莓果佛羅倫丁 [Q] 

【材料與事前準備】18cm磅蛋糕一個量

發酵奶油（無鹽款）…105g
> 靜置至常溫

細砂糖…105g

雞蛋…2個量（100g）
> 靜置至常溫、以叉子打散

A「低筋麵粉…95g
└ 發粉…1/4小匙
> 混合後過篩

冷凍綜合莓果…60g
> 以廚房紙巾拭去表面結的霜，較大的水果切為2～4等分之後灑上1大匙低筋麵粉，放進冷凍庫。

佛羅倫丁
- 細砂糖…15g
- 奶油（無鹽款）…10g
- 鮮奶油（乳脂肪量35%）…2小匙
- 蜂蜜…5g
- 杏仁片（已烘烤）…20g

＊在模型中鋪好烤盤紙。→P.8

＊在適當的時間先將烤箱預熱至180℃。

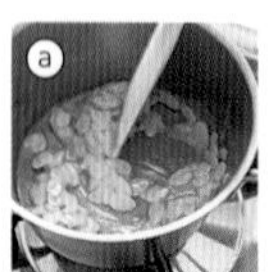

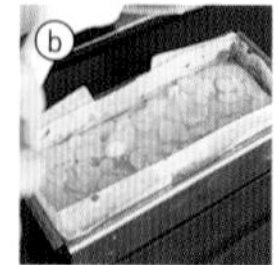

note

・表面的杏仁在剛烤好的時候是軟的，可以等冷卻後再切。

【製作方式】

1 與右頁「焦糖」步驟4～8相同。但是步驟4不需要鹽、步驟6不需要焦糖。步驟8在刮落大碗側面及橡膠刮刀上的麵糊之後，添加綜合莓果。

2 將步驟1的麵糊放入模型當中，在檯面上敲2～3次，讓麵糊變得平坦，再以橡膠刮刀在中央壓出凹陷後放入預熱的烤箱中烤45分鐘左右。

3 開始烤麵糊大約5～10分鐘左右時，開始製作佛羅倫丁。在小鍋當中放入杏仁片以外的材料，盡可能不要動材料並以小火加熱。等到細砂糖開始融化以後便以橡膠刮刀攪拌所有材料，並添加杏仁片。一直攪拌到水分蒸發、整體變黏稠ⓐ。

4 麵糊烤了15分鐘左右，就先把步驟2的模型從烤箱中取出，將步驟3的佛羅倫丁全部倒上去ⓑ，馬上再放回烤箱繼續烘焙。

5 等到佛羅倫丁呈現焦糖色、用竹籤戳下去不會沾到任何東西就完成了。連同烤盤紙一起從模型中取出，放在網架上冷卻。

焦糖洋梨大理石蛋糕 [Q] 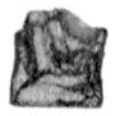

【材料與事前準備】18cm磅蛋糕一個量

焦糖
- 鮮奶油（乳脂肪量35%）…60g
- 細砂糖…60g

洋梨（罐頭、對半切）…小型2個（125g）
> 對半縱切

發酵奶油（無鹽款）…105g
> 靜置至常溫

細砂糖…105g

雞蛋…2個量（100g）
> 靜置至常溫、以叉子打散

A「低筋麵粉…105g
└ 發粉…1/4小匙
> 混合後過篩

糖粉…適量

＊在模型中鋪好烤盤紙。→P.8

＊在適當的時間先將烤箱預熱至180℃。

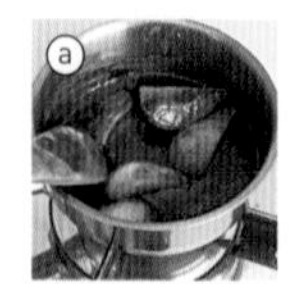

note

・微苦的焦糖與口味溫和的洋梨十分對味。

【製作方式】

1 與右頁的「焦糖」步驟1～8相同。但是步驟2不需要加水。步驟3添加鮮奶油混合以後，加入洋梨稍微拌一下，再次以小火加熱，煮沸以後就關火ⓐ，將焦糖與洋梨各自放在耐熱大碗中冷卻ⓑ。步驟4不需要鹽、步驟6不需要焦糖。步驟8在表面有光澤以後就添加焦糖，大動作攪拌2～3次。

2 將洋梨橫切為厚度5mm的片狀。將步驟1的麵糊倒入模型當中，在檯面上敲2～3次，讓麵糊變得平坦，將洋梨以錯開的方式斜放鋪滿在模型當中，放入預熱的烤箱中烤50分鐘左右。

3 等到裂縫呈現淡金黃色、用竹籤戳下去不會沾到任何東西就完成了。連同烤盤紙一起從模型中取出，放在網架上冷卻。以茶篩將糖粉篩到蛋糕上。

焦糖 [Q]

【材料與事前準備】18cm磅蛋糕一個量

焦糖
- 鮮奶油（乳脂肪量35%）…60g
- 細砂糖…60g
- 水…1小匙

發酵奶油（無鹽款）…110g
> 靜置至常溫

鹽…2撮

細砂糖…100g

雞蛋…2個量（100g）
> 靜置至常溫、以叉子打散

A
- 低筋麵粉…110g
- 發粉…1/4小匙
> 混合後過篩

＊在模型中鋪好烤盤紙。→P.8

＊在適當的時間先將烤箱預熱至180°C。

【製作方式】

1 製作焦糖。將鮮奶油放進耐熱杯當中，不包保鮮膜以微波爐加熱30～40秒到接近沸騰的程度。

2 將細砂糖與水放入小鍋當中，先不要翻動，以中火加熱。等到細砂糖融化一半左右，就繞動鍋子使糖漿流滿整個鍋底來加熱至完全融化。

3 等到糖漿成為淡焦糖色ⓐ後，就以木刮刀攪拌整體，直到成為濃焦糖色後關火。過一會兒再將鮮奶油分2次左右加入ⓑ，每次添加都輕輕攪拌。再次以小火加熱，煮沸之後立即關火ⓒ，將焦糖倒入耐熱大碗中靜置冷卻。焦糖製作完成。

4 將奶油、鹽、細砂糖放進大碗當中，以橡膠刮刀切割攪拌直到鹽、細砂糖完全與奶油融合。

5 以攪拌機的高速攪拌2分～2分30秒讓整體飽含空氣。

6 將雞蛋分為10次左右加入，每次添加都要以攪拌機高速攪拌30秒～1分鐘。添加步驟3製作好的焦糖，再用低速攪拌10秒左右。

7 添加A粉類，以單手一邊旋轉大碗、一邊以橡膠刮刀自底下往上翻出，整體攪拌20～25次。還殘留一點粉感也OK。

8 刮落大碗側面及橡膠刮刀上的麵糊，一樣攪拌5～10次。等到沒有粉感、表面有光澤就OK。

9 將步驟8的麵糊放入模型當中，在檯面上敲2～3次，讓麵糊變得平坦，再以橡膠刮刀在中央壓出凹陷後放入預熱的烤箱中烤50分鐘左右。中途在過了15分鐘左右時，以沾了水的刀子在中央劃一道。

10 等到裂縫呈現淡金黃色、用竹籤戳下去不會沾到任何東西就完成了。連同烤盤紙一起從模型中取出，放在網架上冷卻。

ⓐ

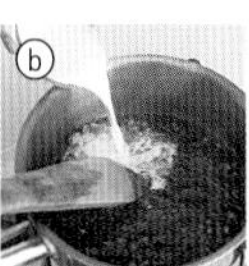
ⓑ

ⓒ

note

- 是雖然簡單卻有著深奧口味的蛋糕。在麵糊當中添加少許鹽巴，能夠為口味畫龍點睛。
- 焦糖做得濃厚一點會留下微苦。完成的量大約是90g。

堅果蛋糕

添加堅果，
能讓口感驟然豐富。
能夠同時享受其風味的蛋糕。

堅果滿滿［Q］ 

【材料與事前準備】18cm磅蛋糕一個量

奶酥
- 發酵奶油（無鹽款）…20g
  > 先冰在冷藏庫當中
- 黑糖（粉末）…20g
- 低筋麵粉…20g
- 杏仁粉…20g
- 鹽…1撮

發酵奶油（無鹽款）…105g
> 靜置至常溫

鹽…1撮

黑糖（粉末）…105g

雞蛋…2個量（100g）
> 靜置至常溫、以叉子打散

A
- 低筋麵粉…65g
- 杏仁粉…40g
- 發粉…1/4小匙

> 混合後過篩

綜合堅果
- 核桃…30g
- 胡桃…20g
- 榛果…20g
- 杏仁（顆粒）…20g
  > 上述全部剁碎
- 開心果…10g

> 混合在一起

＊堅果使用已烘烤過的商品。

＊在模型中鋪好烤盤紙。→P.8

＊在適當的時間先將烤箱預熱至180℃。

note

・塞滿堅果、非常有份量的蛋糕。綜合堅果使用無鹽款的。合計總共100g，比例可以自由搭配。

【製作方式】

1 製作奶酥。將奶酥的材料全部放入大碗當中，一邊切開奶油一邊灑上粉類。等到奶油變小塊以後，就以指尖捏碎奶油的方式，用手攪拌快速ⓐ。等到整體混合均勻，奶油成為算珠狀以後ⓑ，就放進冷凍室裡冷卻凝固。

2 與P.11「基本麵糊①磅蛋糕」的步驟1～5相同。但是步驟1以鹽及黑糖取代細砂糖。步驟5在刮落大碗側面及橡膠刮刀上的麵糊後，就加入綜合堅果75g。

3 將步驟2的麵糊放入模型當中，在檯面上敲2～3次，讓麵糊變得平坦，放入步驟1的奶酥與剩餘的堅果，放進預熱的烤箱中烤45～50分鐘。

4 等到奶酥呈現淡金黃色、用竹籤戳下去不會沾到任何東西就完成了。連同烤盤紙一起從模型中取出，放在網架上冷卻。

熱內亞麵包風 [G] 

【材料與事前準備】18cm磅蛋糕一個量

發酵奶油（無鹽款）…65g

A
- 杏仁粉… 105g
- 糖粉…105g

B
- 蛋白…1/2個量（15g）
- 水…1又1/2小匙

雞蛋…3個量（150g）
> 雞蛋靜置至常溫後取出B要用的15g蛋白，以叉子打散。

C
- 低筋麵粉…2大匙
- 玉米粉…3大匙

> 混合後過篩

蘭姆酒…1又1/2小匙

杏仁片…15～20g

＊準備隔水加熱用的熱水（約70℃）。

＊在模型內塗抹適量的膏狀奶油（不在食譜份量內），將杏仁片貼在底面與側面ⓐ，放進冰箱冷藏保存。

＊在適當的時間先將烤箱預熱至170℃。

【製作方式】

1 將奶油放入大碗中，隔水加熱融化，然後從熱水當中取出放在一旁。

2 將A混合好篩入另一個大碗，然後添加B。以橡膠刮刀從前方往手邊方向壓的方式攪拌混合ⓑ，等到沒有粉感之後就以手捏取整合。

3 將雞蛋分為8次左右添加，每次都以低速攪拌約30秒～1分鐘。等到整體攪拌均勻以後，就以高速攪拌2分～2分30秒左右使蛋液飽含空氣。

4 添加C，以單手一邊旋轉大碗、一邊以橡膠刮刀自底下往上翻出，整體攪拌15～20次左右ⓒ。沒有粉感就OK了。

5 將步驟**1**的奶油分5～6次以橡膠刮刀流入大碗當中ⓓ，每次倒入都攪拌5次左右，最後再攪拌5次。等到表面有光澤就加入蘭姆酒，大動作攪拌5～6次。

6 將步驟**5**的材料放入模型當中，在檯面上敲2～3次釋出多餘空氣，放入預熱的烤箱中烤45分鐘左右。中途在過了10分鐘左右時，以沾了水的刀子在中央劃一道。

7 等到裂縫呈現淡金黃色、用竹籤戳下去不會沾到任何東西就完成了。敲打模型底部2～3次之後翻過來取下模型，放在網架上冷卻ⓔ。

note

・以海綿蛋糕為基底，搭配法國傳統點心簡單混合在一起。添加杏仁粉能夠增添香氣。

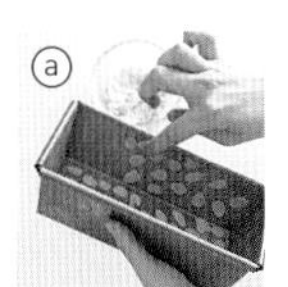
ⓐ

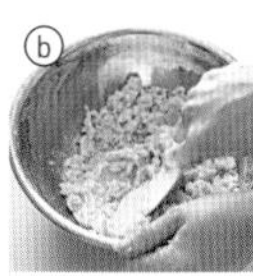
ⓑ

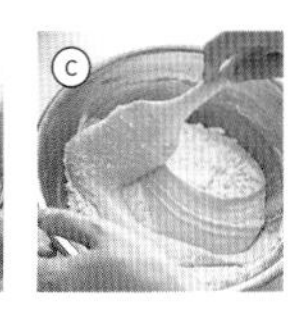
ⓒ

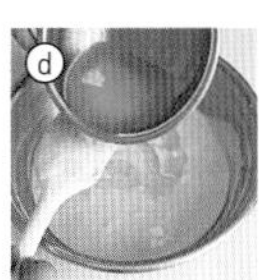
ⓓ

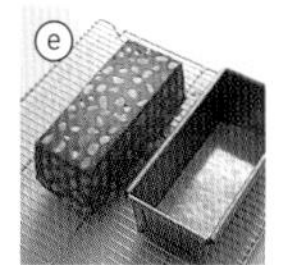
ⓔ

香料蛋糕

使用肉桂、薑、八角等香料
製作出來的磅蛋糕，略帶著異國香氣，
是令人感受到新鮮氣息的口味。

柑橘肉桂煮李子［Q］
>P.66

薑汁［H］
>P.66

八角無花果 [Q]
>P.67

柑橘肉桂煮李子［Q］

【材料與事前準備】18cm磅蛋糕一個量

柑橘肉桂煮李子
- 乾李子…80g
- 橘子汁（100%果汁）…50g
- 肉桂棒…1/2枝

發酵奶油（無鹽款）…105g
＞靜置至常溫

細砂糖…105g

雞蛋…2個量（100g）
＞靜置至常溫、以叉子打散

A
- 低筋麵粉…105g
- 肉桂粉…1小匙
- 發粉…1/4小匙

＞混合後過篩

＊在模型中鋪好烤盤紙。→P.8

＊在適當的時間先將烤箱預熱至180℃。

乾李子

這是西洋桃子乾燥後的樣子。具有清爽的甜味，富含維他命及礦物質、食物纖維。如果有籽就要去掉。

肉桂棒

這是將樟樹科的常綠樹樹皮剝下後乾燥做成的香料。特徵是清新的甜味與高雅的香氣。磨成粉末就是肉桂粉。

【製作方式】

1 製作柑橘肉桂煮李子。將所有材料放入小鍋當中以小火加熱，煮沸後繼續煮2～3分鐘再盛裝至耐熱大碗中，放置一晚ⓐ。李子稍微瀝乾後，切為2cm塊狀ⓑ。

2 與P.11「基本麵糊①磅蛋糕」步驟1～7相同。不過步驟4在添加A粉類以前，要先放入步驟1的柑橘肉桂煮李子，以橡膠刮刀稍微攪拌一下。步驟6的烘焙時間為45分鐘左右。

note

・肉桂的東方風格香氣與柑橘十分對味。

薑汁［H］

【材料與事前準備】18cm磅蛋糕一個量

糖漬生薑
- 生薑…80g
- 水…100g
- 細砂糖…100g
- 蜂蜜…1大匙
- 檸檬果汁…2小匙

雞蛋…2個量（100g）
＞靜置至常溫

細砂糖…70g

沙拉油…50g

A
- 低筋麵粉…100g
- 發粉…1/2小匙

＞混合後過篩

牛奶…20g

＊在模型中鋪好烤盤紙。→P.8

＊在適當的時間先將烤箱預熱至180℃。

【製作方式】

1 製作糖漬生薑。將生薑切絲。把水、細砂糖、蜂蜜都放進小鍋中以中火加熱，在煮沸前把生薑放入，以小火煮10～15分鐘。添加檸檬果汁後煮沸，移到耐熱大碗當中靜置冷卻ⓐ。稍微瀝乾生之後切為大段ⓑ，糖漿先分裝1大匙放在一旁。

2 與P.14「基本麵糊③油麵糊」步驟1～6相同。但是步驟2調整均勻以後，添加步驟1的糖漬生薑及1大匙糖漿，然後再用低速攪拌10秒左右。步驟4將牛奶分2～3次加入。

note

・清爽且口感輕盈。如果覺得生薑有些辣而希望甜一些，也可以附上蜂蜜當沾醬。
・由於添加了糖漬生薑的糖漿，因此減少麵糊當中的細砂糖及牛奶用量。
・糖漬生薑盡可能放一整個晚上，味道會比較穩定。剩餘的糖漿也推薦可以添加碳酸水（無糖）作為飲料。

八角無花果［Q］ 

【材料與事前準備】直徑16cm花型蛋糕一個量

紅酒煮無花果
- 乾燥無花果…65g
- 紅酒…100g
- 水…2大匙
- 細砂糖…30g
- 八角…1個
- 丁香…1個

發酵奶油（無鹽款）…105g
> 靜置至常溫

細砂糖…105g

雞蛋…2個量（100g）
> 靜置至常溫、以叉子打散

A
- 低筋麵粉…90g
- 杏仁粉…15g
- 發粉…1/4小匙

> 混合後過篩

澆淋用糖漿
- 紅酒煮無花果的糖漿…2小匙
- 蘭姆酒…2小匙

> 混合在一起

糖霜
- 糖粉…30g
- 紅酒…1/4小匙
- 紅酒煮無花果的糖漿 …1又1/4小匙

＊在模型內塗抹適量的膏狀奶油（不在食譜份量內），灑上適量高筋麵粉（不在食譜份量內）。→P.9

＊在適當的時間先將烤箱預熱至180°C。

【製作方式】

1 製作紅酒煮無花果。以熱水燙過無花果後用廚房紙巾擦乾後對半切開。將紅酒、水、細砂糖、八角及丁香都放入小鍋中以中火加熱，等到細砂糖融化煮滾以後加入無花果。轉至小火後蓋上鍋蓋ⓐ，煮5分鐘左右移至耐熱大碗當中靜置冷卻。無花果稍微瀝乾後剁成大塊，糖漿另外分裝澆淋用的2小匙及糖霜用的1又1/4小匙。

2 將奶油與細砂糖放進大碗當中，以橡膠刮刀切割攪拌直到細砂糖完全與奶油融合。

3 以攪拌機的高速攪拌2分～2分30秒讓整體飽含空氣。

4 將雞蛋分為10次左右加入，每次添加都要以攪拌機高速攪拌30秒～1分鐘。

5 添加步驟1的紅酒煮無花果，以橡膠刮刀稍微攪拌混合。添加A粉類，以單手一邊旋轉大碗、一邊以橡膠刮刀自底下往上翻出，整體攪拌20～25次。還殘留一點粉感也OK。

6 刮落大碗側面及橡膠刮刀上的麵糊，一樣攪拌5～10次。等到沒有粉感、表面有光澤就OK。

7 將步驟6的麵糊放入模型當中，在檯面上敲2～3次，放入預熱的烤箱中烤45～50分鐘。

8 等到表面呈現淡金黃色、用竹籤戳下去不會沾到任何東西就完成了。在模型側面敲打2～3次之後翻過來拿起模型，放在網架上趁熱時以刷子塗抹澆淋用的糖漿。馬上用保鮮膜包起來，靜置冷卻。

9 製作糖霜。使用萬用濾網將糖粉篩到大碗當中，慢慢添加紅酒與紅酒煮無花果的糖漿，以湯匙攪拌均勻。舀起後使其緩慢流下，落下後大約10秒會消失是較為適當的硬度。以下述方法做好擠花袋之後裝入糖霜，封好袋口。

10 在烤箱的托盤上鋪好烤盤紙，將步驟8的蛋糕保鮮膜撕下後放上蛋糕。把步驟9的擠花袋尖端剪開，將糖霜擠在蛋糕上。放入預熱至200°C的烤箱中加熱1分鐘左右，放在網架上冷卻。

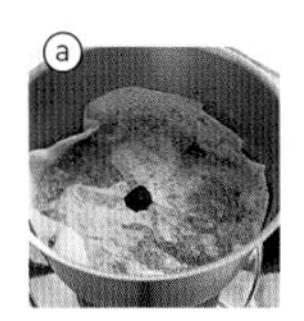
ⓐ

note

・若是時間充足，紅酒煮無花果可以靜置一整晚會更入味。剩餘的糖漿也推薦可以添加碳酸水（無糖）作為飲料。

●擠花袋製作方式

1 將烤盤紙剪成一個25cm方形之後對摺為三角形，然後以刀子切開ⓐ。

2 把直角放在手邊，由右側往內捲ⓑ。把左邊包上來以後，拉緊烤盤紙使前端尖銳ⓒ。

3 烤盤紙最外面凸出的一角向內摺，摺進去的部分撕開1cm左右ⓓ，撕開的右半邊向外摺。

4 將糖霜倒進擠花袋中ⓔ。捲紙結束的那面要朝下放置，注入口的兩端壓一下做出摺線。將注入口摺好讓整體呈現三角形之後，再往前摺2～3次ⓕ。要擠花的時候剪掉最前端2～3mm。

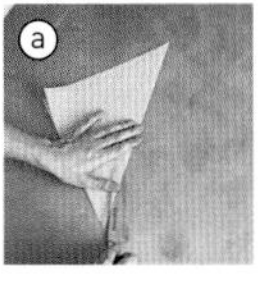
ⓐ

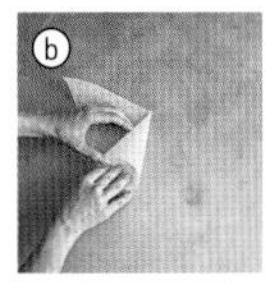
ⓑ

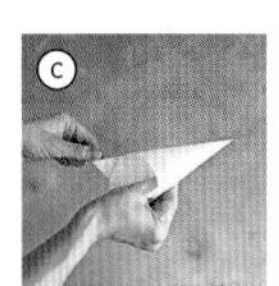
ⓒ

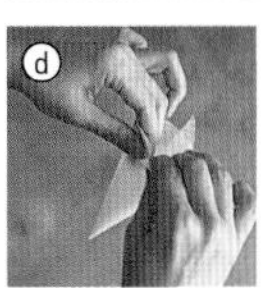
ⓓ

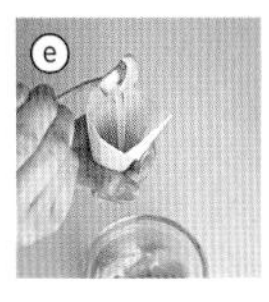
ⓔ

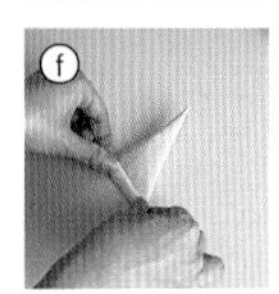
ⓕ

秋季鹹蛋糕

使用適合秋季的各種起司
與美味強烈的食材，
做出口味具有強度的蛋糕。

菠菜鮭魚［S］
>P.70

義大利香腸佐群菇［S］
>P.71

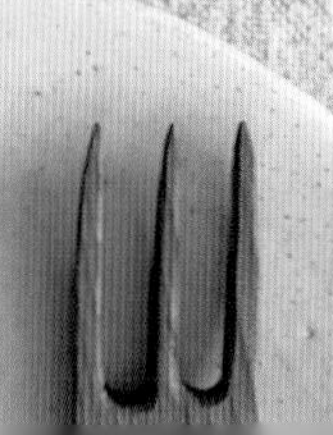

核桃與戈爾根朱勒乳酪［S］
>P.70

菠菜鮭魚［S］ 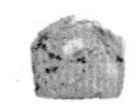

【材料與事前準備】18cm磅蛋糕一個量

雞蛋…2個量（100g）
 > 靜置至常溫

沙拉油…60g

牛奶…50g

起司粉…30g

燻鮭魚…60g
 > 切為寬2cm

菠菜…50g
 > 將莖與葉切開，放入加了少許鹽巴的熱水中，莖燙2～3秒，葉子快速過一下便放入冷水中冷卻。擰乾後切為1cm長。

奶油起司…30g
 > 撕為10等分

A
- 低筋麵粉…100g
- 發粉…1小匙
- 鹽…1/4小匙
- 粗磨黑胡椒…少許

 > 混合後過篩

＊在模型中鋪好烤盤紙。→P.8

＊在適當的時間先將烤箱預熱至180℃。

【製作方式】

1 與下述「核桃與戈爾根朱勒乳酪」步驟1～5相同。但是步驟2不放義大利香腸與核桃，而是加入起司粉、燻鮭魚、菠菜之後稍微攪拌一下，然後添加奶油起司稍微混合。

note

・口味均衡且色彩美麗的蛋糕。奶油起司能帶出濃郁口味，打造秋天氣氛。

核桃與戈爾根朱勒乳酪［S］ 

【材料與事前準備】18cm磅蛋糕一個量

雞蛋…2個量（100g）
 > 靜置至常溫

沙拉油…60g

牛奶…40g

戈爾根朱勒乳酪…50g
 > 撕大塊

核桃（已烘烤）…20g
 > 剁成大塊，與義大利香腸混在一起ⓐ

A
- 低筋麵粉…100g
- 發粉…1小匙
- 鹽…1/4小匙
- 粗磨黑胡椒…少許

 > 混合後過篩

＊在模型中鋪好烤盤紙。→P.8

＊在適當的時間先將烤箱預熱至180℃。

戈爾根朱勒乳酪

原產於義大利的藍乳酪。除了特有的刺激性氣味以外帶有微微的甘甜。非常適合搭配義大利麵、水果、蜂蜜等。

【製作方式】

1 將雞蛋與沙拉油放入大碗當中，以打蛋器攪拌至兩者完全均勻。添加牛奶並攪拌均勻。

2 將戈爾根朱勒乳酪與核桃也添加進去，以長筷輕輕攪拌。

3 添加A粉類，以單手一邊旋轉大碗、一邊以長筷自底下往上翻出，整體攪拌15～20次。刮落大碗側面及橡膠刮刀上的麵糊，一樣攪拌1～2次，還殘留一點粉感也OK。

4 將步驟3的麵糊倒入模型當中，在檯面上敲2～3次排出多餘空氣，以橡膠刮刀稍微整平表面。放入預熱的烤箱中烤30～35分鐘。

5 表面呈現淡金色、以竹籤戳入不會沾到東西就完成了。將整個模型放在網架上，等到不燙以後再連同烤盤紙整個取出冷卻。

ⓐ

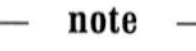

note

・由於使用戈爾根朱勒乳酪取代沒有水分的起司粉，因此減少牛奶用量。

・也可以切成薄片烤一下，搭配蜂蜜也很不錯。

義大利香腸佐群菇［S］ 

【材料與事前準備】18cm磅蛋糕一個量

雞蛋…2個量（100g）
> 靜置至常溫

沙拉油…60g

牛奶…50g

起司粉…30g

拌炒菇類

橄欖油…1大匙

大蒜…1/3片
> 剁碎

舞菇、鴻喜菇、磨菇…加起來200g
> 舞菇和鴻喜菇撕成容易食用的大小，磨菇切成4等分。

鹽、粗磨黑胡椒…各少許
> 將橄欖油與大蒜放入平底鍋中以小火加熱，爆香之後添加菇類，偶爾晃動平底鍋讓橄欖油能夠裹住菇類，用中火拌炒。等到菇類柔軟之後ⓐ就灑上鹽、粗磨黑胡椒，放在托盤上冷卻。將其中1/5量拿起來作為最後裝飾用。

義大利香腸…25g
> 切成厚度2mm的圓片，太大的話就再切一半。

A
- 低筋麵粉…100g
- 發粉…1小匙
- 鹽…1/4小匙
- 粗磨黑胡椒…少許

> 混合後過篩

＊在模型中鋪好烤盤紙。→P.8

＊在適當的時間先將烤箱預熱至180℃。

【製作方式】

1 將雞蛋與沙拉油放入大碗當中，以打蛋器攪拌至兩者完全均勻。添加牛奶並攪拌均勻。

2 將起司粉、4/5量的拌炒菇類也添加進去，以長筷輕輕攪拌。

3 添加A粉類，以單手一邊旋轉大碗、一邊以長筷自底下往上翻出，整體攪拌15～20次。以橡膠刮刀刮落大碗側面的麵糊，一樣攪拌1～2次，還殘留一點粉感也OK。

4 將步驟**3**的麵糊倒入模型當中，在檯面上敲2～3次排出多餘空氣，以橡膠刮刀稍微整平表面。擺上剩餘的菇類，放入預熱的烤箱中烤30～35分鐘。

5 表面呈現淡金色、以竹籤戳入不會沾到東西就完成了。將整個模型放在網架上，等到不燙以後再連同烤盤紙整個取出冷卻。

note

- 菇類加起來200g即可，使用種類可憑個人喜好。
- 為了避免拌炒菇類出水，重點在於炒的時候盡可能不要碰到菇類。
- 義大利香腸如果放在最上面裝飾的話很容易烤焦，因此全部都混到麵糊當中。也可以使用培根等來代替。

Hiver

歡欣冬季蛋糕

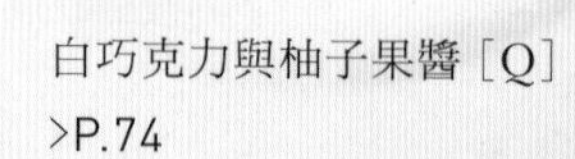
白巧克力與柚子果醬［Q］
>P.74

巧克力蛋糕

除了情人節以外，
在寒冷的冬季總會覺得有些想品嘗巧克力。
當然也與蛋糕非常對味。

雙重巧克力［H］
>P.74

巧克力與糖漬金柑［Q］
>P.75

白巧克力與柚子果醬［Q］ 

【材料與事前準備】18cm磅蛋糕一個量

發酵奶油（無鹽款）…105g
＞靜置至常溫

細砂糖…95g

鹽…少許＋適量

雞蛋…2個量（100g）
＞靜置至常溫、以叉子打散

A「低筋麵粉…105g
└發粉…1/4小匙
＞混合後過篩

白巧克力片…25g

柚子果醬…60g

糖粉…適量

＊在模型中鋪好烤盤紙。→P.8

＊在適當的時間先將烤箱預熱至180℃。

【製作方式】

1 與右頁「巧克力與糖漬金柑」步驟2～5相同。但是步驟2除了奶油、細砂糖以外要添加少許鹽巴。

2 刮落大碗側面及橡膠刮刀上的麵糊，添加白巧克力片後一樣攪拌5～10次。等到沒有粉感、表面有光澤就加入柚子果醬，大動作攪拌5次。

3 將步驟2的麵糊放入模型當中，在檯面上敲2～3次，讓麵糊變得平坦，再以橡膠刮刀在中央壓出凹陷，灑上適量鹽巴，放入預熱的烤箱中烤30～40分鐘。中途在過了15分鐘左右時，以沾了水的刀子在中央劃一道。

4 等到裂縫呈現淡金黃色、用竹籤戳下去不會沾到任何東西就完成了。連同烤盤紙一起從模型中取出，放在網架上冷卻。以茶篩灑上糖粉。

白巧克力片

建議使用製菓用產品。若使用板狀巧克力，請用菜刀剁碎。

note

・最後灑上去的鹽巴，可以的話就使用顆粒較大的粗鹽。這樣一來可以增添口感，也能凸顯出白巧克力與柚子果醬的甘甜。

雙重巧克力［H］ 

【材料與事前準備】18cm磅蛋糕一個量

雞蛋…2個量（100g）
＞靜置至常溫

細砂糖…80g

沙拉油…50g

製菓用巧克力（甜味）…60g＋30g
＞60g剁碎後隔水加熱融化；30g切碎ⓐ。

A「低筋麵粉…100g
└發粉…1/2小匙
＞混合後過篩

牛奶…50g

＊在模型中鋪好烤盤紙。→P.8

＊在適當的時間先將烤箱預熱至180℃。

製菓用巧克力（甜味）

我使用的是可可亞64%，VALRHONA的「マンジャリ」。除了巧克力原先的苦味以外，能略略感受到莓果類的酸味。

【製作方式】

1 將雞蛋與細砂糖放入大碗中，使用攪拌機但不打開電動開關，輕輕攪拌後以高速攪拌1分鐘左右。

2 將沙拉油分4～5次加入，每次都以攪拌機高速攪拌10秒鐘左右。等到整體融合以後再使用低速繼續攪拌1分鐘左右，調整均勻度。添加隔水加熱融化的巧克力60g，再以低速攪拌10秒鐘。

3 添加A粉類，以單手一邊旋轉大碗、一邊以橡膠刮刀自底下往上翻出，整體攪拌20次左右。還殘留一點粉感也OK。

4 將牛奶分5～6次以橡膠刮刀流入，每次倒入牛奶都攪拌5次左右，最後再攪拌5次。等到沒有粉感、表面有光澤就加入切成碎片的巧克力30g，大動作攪拌5次。

5 將步驟4的麵糊倒入模型當中，在檯面上敲2～3次排出多餘空氣，放入預熱的烤箱中烤40分鐘左右。中途在過了10分鐘左右時，以沾了水的刀子在中央劃一道。

6 等到裂縫呈現淡金黃色、用竹籤戳下去不會沾到任何東西就完成了。敲打模型底部2～3次之後，連同烤盤紙一起從模型中取出，放在網架上冷卻。

note

・口感輕盈的巧克力蛋糕。由於巧克力本身而能做得非常濕潤。
・餡料在油麵糊當中很容易下沉，因此巧克力30g剁得越碎越好。

巧克力與糖漬金柑 [Q] 

【材料與事前準備】18cm磅蛋糕一個量

糖漬金柑
- 金柑（選擇較軟的）…5個
- 水…50g
- 細砂糖…40g
- 白酒…75g

發酵奶油（無鹽款）…105g
> 靜置至常溫

細砂糖…105g

雞蛋…2個量（100g）
> 靜置至常溫、以叉子打散

A「低筋麵粉…105g
　└發粉…1/4小匙
> 混合後過篩

製菓用巧克力（甜味）…30g
> 剁碎

澆淋用糖漿
- 糖漬金柑的糖漿…2小匙
- 白蘭地…2小匙

> 混合在一起

＊在模型中鋪好烤盤紙。→P.8
＊在適當的時間先將烤箱預熱至180℃。

【製作方式】

1 製作糖漬金柑。將金柑對半橫切、拿掉種子。把水、細砂糖放入鍋中以中火加熱，等到細砂糖融化後，就將白酒、金柑依序加入鍋中並蓋上鍋蓋ⓐ，以小火熬煮5分鐘左右。移至耐熱大碗中靜置一晚。金柑稍微瀝乾後再切成兩半。將澆淋要用的糖漿2小匙另外分裝起來。

2 將奶油與細砂糖放進大碗當中，以橡膠刮刀切割攪拌直到細砂糖完全與奶油融合。

3 以攪拌機的高速攪拌2分～2分30秒讓整體飽含空氣。

4 將雞蛋分為10次左右加入，每次添加都要以攪拌機高速攪拌30秒～1分鐘。

5 添加A粉類，以單手一邊旋轉大碗、一邊以橡膠刮刀自底下往上翻出，整體攪拌20～25次。還殘留一點粉感也OK。

6 刮落大碗側面及橡膠刮刀上的麵糊，添加巧克力之後一樣攪拌5～10次。等到沒有粉感、表面有光澤就OK。

7 將步驟**6**的麵糊1/3量放入模型當中，以湯匙的背面等物品整平表面後，周圍留出2cm空間左右，將1/2量的金柑排放上去ⓑ。重複一次此步驟，最後將剩下的麵糊都倒入並整平表面ⓒ，放入預熱的烤箱中烤50分鐘左右。中途在過了15分鐘左右時，以沾了水的刀子在中央劃一道。

8 等到裂縫呈現淡金黃色、用竹籤戳下去不會沾到任何東西就完成了。連同烤盤紙一起從模型中取出，放在網架上，趁熱的時候在上方與側面刷上澆淋用的糖漿。立即用保鮮膜包緊，靜置冷卻。

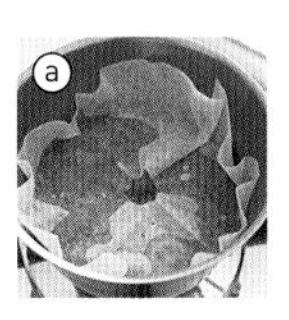

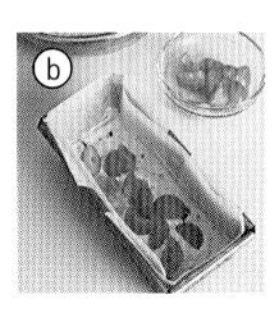

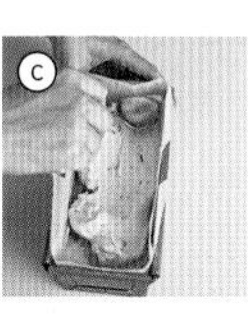

note

- 若是金柑非常硬，就用竹籤戳幾個洞，水煮到沸騰之後就撈起。如果還是非常硬，就再重複燙一下。
- 糖漬金柑的完成量大約是瀝掉糖漿之後為80～100g。剩下的糖漿淋在優格上享用也非常美味。
- 製菓用巧克力（甜味）使用的是可可亞成分70%，VALRHONA的「グアナラ」。
- 澆淋用糖漿中的白蘭地也可以使用櫻桃白蘭地。

招牌巧克力點心風

將那些大家熟悉的巧克力點心
改造成磅蛋糕。
輕鬆享受美味。

薩赫蛋糕［G］ 

【材料與事前準備】直徑15cm圓形模型一個量

發酵奶油（無鹽款）…80g
雞蛋…2個量（100g）
細砂糖…80g
A「低筋麵粉…60g
　└可可粉…20g
　＞混合後過篩
杏子果醬…20g＋45g
甘納許
　製菓用巧克力（甜味）…50g
　鮮奶油（乳脂肪量35%）…60g

＊準備隔水加熱用的熱水（約70℃）。
＊在模型中鋪好烤盤紙。→P.9
＊在適當的時間先將烤箱預熱至170℃。

【製作方式】

1 將奶油放入大碗中，隔水加熱融化，然後從熱水當中取出放在一旁（在步驟**2**將蛋液大碗隔水加熱完以後要再次隔水加熱）。
2 將雞蛋與細砂糖放入另一個大碗中，使用攪拌機但不打開電動開關，輕輕攪拌。然後一邊隔水加熱、一邊以低速攪拌約20秒左右，之後從熱水中取出。然後以高速攪拌2分～2分30秒左右使蛋液飽含空氣，最後再以低速打1分鐘左右使其均勻。
3 添加A粉類，以單手一邊旋轉大碗、一邊以橡膠刮刀自底下往上翻出，整體攪拌20次左右。還殘留一點粉感也OK。
4 將步驟**1**的奶油分5～6次以橡膠刮刀流入大碗當中，每次倒入都攪拌5～10次。等到沒有粉感、表面有光澤就OK。
5 將步驟**4**的材料放入模型當中，在檯面上敲2～3次釋出多餘空氣，放入預熱的烤箱中烤30～35分鐘。
6 等到裂縫呈現淡金黃色、用竹籤戳下去不會沾到任何東西就完成了。敲打模型底部2～3次之後連同烤盤紙一起從模型中取出，倒放在網架上冷卻。
7 將直尺等物品放在蛋糕高度一半處，以波浪刀將蛋糕切成兩半。把杏子果醬20g以湯匙等塗抹在下層蛋糕上，再蓋回上層蛋糕。另外45g杏子果醬則塗抹在上層及側面。
8 製作甘納許。將切碎的巧克力放入大碗中，隔水加熱融化ⓐ。鮮奶油放入耐熱大碗中，不包保鮮膜以微波爐加熱30～40秒至沸騰前的狀態。
9 將巧克力大碗從熱水中的碗取出，分2～3次添加鮮奶油，每次都在加入後略停一秒再使用打蛋器由中間畫圓來攪拌ⓑ。等到有光澤、變得滑順之後就將大碗底部放在水中，以橡膠刮刀一邊攪拌一邊待其冷卻到體溫ⓒ。甘納許製作完成。
10 將網架放在托盤上，並將步驟**7**的蛋糕放上，安穩淋上步驟**9**的甘納許ⓓ，表面上多餘的甘納許使用抹刀等刮落（不要碰到側面）ⓔ。將網子在托盤上輕敲2～3次以敲落側面多餘的甘納許，靜置冷卻到甘納許硬化。

note

・將奧地利傳統點心薩赫蛋糕做成海綿蛋糕。原先會打發蛋白，但本食譜調整為較容易製作的方式。
・如果沒有直尺，就使用有點高度的板子等，只要固定成能將蛋糕平均切好即可。不固定就切蛋糕也沒關係。

熔岩巧克力蛋糕［G］

【材料與事前準備】18cm磅蛋糕一個量

製菓用巧克力（甜味）…130g
發酵奶油（無鹽款）…95g
雞蛋…3個量（150g）
 ＞靜置至常溫
細砂糖…90g
低筋麵粉…30g

＊準備隔水加熱用的熱水（約70℃）。
＊在模型中鋪好烤盤紙。→P.8
＊在適當的時間先將烤箱預熱至180℃。

【製作方式】

1 將巧克力與奶油放入大碗中，隔水加熱融化的同時以橡膠刮刀攪拌均勻ⓐ，靜置維持在45℃。
2 將雞蛋與細砂糖放入另一個大碗中，以打蛋器穩定攪拌使兩者均勻。
3 將步驟1的大碗從熱水中取出，加入1/4量的步驟2材料ⓑ，以打蛋器穩定攪拌使材料均勻。
4 將步驟3的材料倒回步驟2的大碗當中ⓒ，穩定攪拌。等到整體均勻以後將麵粉篩入，一樣穩定攪拌。等到沒有粉感、表面有光澤就OKⓓ。
5 將步驟4的材料放入模型當中，放入預熱的烤箱中烤15分鐘左右。
6 等到表面呈現淡金黃色、用竹籤戳下去外層不會沾到東西、中心會沾到少許麵糊就完成了。連同模型一起放在網架上冷卻。

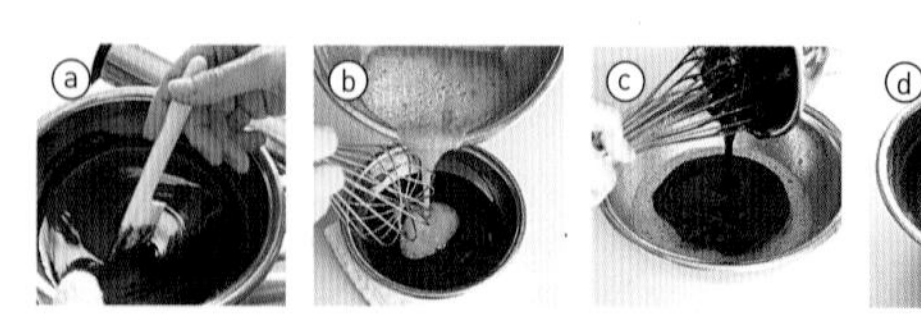

note

・當中的巧克力在剛烤好時會是流出來的狀態，如果放在冰箱冷藏以後，會變成黏稠的巧克力凍蛋糕。
・雖然製作方式與「基本麵糊②海綿蛋糕」非常相似，但是烘焙溫度略高、製作方式也有一些差異。在步驟2當中若是細砂糖不容易融化，也可以稍微隔水加熱一下。

黑森林蛋糕 [Q] 

【材料與事前準備】18cm磅蛋糕一個量

黑櫻桃（罐頭）…90～100g
黑櫻桃糖漿…2小匙
櫻桃白蘭地…2小匙
甘納許
- 製菓用巧克力（甜味）…20g
- 牛奶…30g

發酵奶油（無鹽款）…80g
> 靜置至常溫

細砂糖…110g
雞蛋…2個量（100g）
> 靜置至常溫、以叉子打散

A
- 低筋麵粉…85g
- 杏仁粉…25g
- 巧克力粉…20g
- 發粉…1/3小匙

> 混合後過篩

澆淋用糖漿
- 黑櫻桃糖漿…1大匙
- 櫻桃白蘭地…1大匙

> 混合在一起

＊在模型中鋪好烤盤紙。→P.8
＊在適當的時間先將烤箱預熱至180℃。

note

・黑森林蛋糕原本的名稱是Fôret noire，在法文當中就是黑森林的意思。這是一種搭配櫻桃的巧克力蛋糕，在添加了甘納許的濃厚麵糊當中增添黑櫻桃的酸味，取得口味平衡。

【製作方式】

1 將黑櫻桃對半切開，浸泡在黑櫻桃的糖漿、櫻桃白蘭地當中ⓐ放置3小時～整晚之後瀝乾。
2 製作甘納許。將切碎的巧克力放入大碗中，隔水加熱融化。鮮奶油放入耐熱大碗中，不包保鮮膜以微波爐加熱30～40秒至沸騰前的狀態。
3 將巧克力大碗從熱水中的碗取出，分2～3次添加牛奶，每次都在加入後略停一秒再使用打蛋器由中間畫圓來攪拌。等到有光澤、變得滑順之後就冷卻到體溫。甘納許製作完成。
4 與P.11「基本麵糊①磅蛋糕」步驟1～7相同。但是步驟5在表面有光澤以後，就將步驟3的甘納許分2～3次加入，每次加入都大動作攪拌。然後再添加步驟1的黑櫻桃，大致上攪拌一下。步驟6的烘焙時間為50分鐘左右。步驟7放在網架上以後，趁蛋糕還熱著使用刷子將澆淋用糖漿刷在上方及側面，立即用保鮮膜包起，靜置冷卻。

聖誕蛋糕

香料糕餅是聖誕節時分
大家非常熟悉的點心。
放滿水果的蛋糕，
則能在平安夜享用。
這是寒冷季節中適合保存享用的蛋糕。

香料糕餅風［H］
>P.82

水果蛋糕［Q］
>P.83

香料糕餅風［H］

【材料與事前準備】18cm磅蛋糕一個量

蛋蜜…100g
牛奶…50g

A
- 高筋麵粉…50g
- 全麥麵粉…50g
- 蔗糖…20g
- 肉桂粉…1/2小匙
- 棗子粉…1/4小匙
- 丁香粉（或多香果粉）…少許
- 發粉…2小匙
- 碳酸氫鈉…1小匙

＞混合後過篩

雞蛋…1個量（50g）
＞靜置至常溫、以叉子打散

橘子皮（骰子狀）…35g

乾燥無花果…30g
＞放在熱水中約5分鐘，讓表面軟化，以廚房紙巾擦乾後切成大塊。

＊在模型中鋪好烤盤紙。→P.8
＊在適當的時間先將烤箱預熱至180℃。

全麥麵粉

將小麥的表皮及胚芽整個磨成粉末。能夠品嘗小麥原先的風味。不使用製菓用全麥麵粉而以高筋商品取代也OK。

碳酸氫鈉

也就是小蘇打。具有能讓麵團發脹的功效，也能讓麵團有烘焙色。由於容易出現苦味，因此請遵守用量。

【製作方式】

1 將蜂蜜與雞蛋放入小鍋中，以橡膠刮刀輕輕攪拌並開小火ⓐ。等到蜂蜜融化與牛奶融合以後就關火，冷卻至常溫。
2 將A粉類放入大碗中，以打蛋器輕輕攪拌ⓑ。在正中央開個洞ⓒ，把步驟1的材料倒進去之後自中心畫圓來穩定攪拌ⓓ。等到差不多混勻之後就將雞蛋分3次加入ⓔ，每次都一樣攪拌至整體均勻ⓕ。
3 添加橘子皮與無花果，以橡膠刮刀大動作攪拌5次左右ⓖ。
4 將步驟3的麵糊倒入模型當中，在檯面上敲2～3次排出多餘空氣，放入預熱的烤箱中烤30分鐘左右。
5 等到裂縫呈現淡金黃色、用竹籤戳下去不會沾到任何東西就完成了。敲打模型底部2～3次之後，連同烤盤紙一起從模型中取出，放在網架上冷卻。

note

- 這款蛋糕在法文當中稱為「Pain d'épices」，意思就是添加了香料的蛋糕。在勃艮第及阿爾薩斯地區非常有名。口味質樸很具重量感。
- 製作方式與「基本麵糊③油麵糊」非常接近但有些相異之處。蜂蜜與牛奶非常容易分離，因此攪拌時請務必使用小火、不能沸騰。

水果蛋糕［Q］ 

【材料與事前準備】14cm圓蛋糕一個量

香料漬水果乾
- 乾燥無花果…20g
- 乾燥杏子…20g
- 乾燥棗子…20g
- 葡萄乾…20g
- 肉桂粉…2撮
- 棗子粉…1撮
- 蘭姆酒…2大匙

發酵奶油（無鹽款）…105g
> 靜置至常溫

蔗糖…105g

雞蛋…2個量（100g）
> 靜置至常溫、以叉子打散

核桃（已烘烤）…20g＋適量
> 20g與適量皆以手掰成大塊

糖漬櫻桃（紅）…20g＋適量
> 20g剁大塊，適量對半切開

糖漬菜莖…20g＋適量
> 20g剁大塊，適量切為斜片

A「低筋麵粉…105g
　└發粉…1/4小匙
> 混合後過篩

蘭姆酒…20g

杏子果醬…適量

喜愛的乾燥水果…適量
> 淋過熱水後以廚房紙巾擦乾表面，較大的就切成適合食用的大小。

糖粉…適量

＊在模型內塗抹適量的膏狀奶油（不在食譜份量內），灑上適量高筋麵粉（不在食譜份量內）。→P.9

＊在適當的時間先將烤箱預熱至180°C。

糖漬櫻桃

將櫻桃浸漬在砂糖中製作成的商品。色彩鮮豔、通常用來作為點心或麵包的裝飾品。也有綠色或黃色。

糖漬菜莖

原本是將繖形科植物的莖用糖漿煮過後灑上砂糖並乾燥的商品，在日本會用蜂斗菜替代。

【製作方式】

1. 製作香料漬水果乾。將乾燥水果放在一起淋上熱水ⓐ，以廚房紙巾擦乾。無花果、杏子、棗子切為1cm塊狀ⓑ。將乾燥水果、肉桂粉、棗子粉都放入大碗中混勻，加上蘭姆酒之後ⓒ靜置3小時～整晚。
2. 將奶油與蔗糖放入大碗當中，以橡膠刮刀切割攪拌直到蔗糖完全與奶油融合。
3. 以攪拌機的高速攪拌2分～2分30秒讓整體飽含空氣。
4. 將雞蛋分為10次左右加入，每次添加都要以攪拌機高速攪拌30秒～1分鐘。
5. 加入步驟**1**的香料漬水果乾、剝成大塊的核桃20g、切大塊的糖漬櫻桃20g、剁大塊的糖漬菜莖20g，以橡膠刮刀稍微攪拌一下。添加A粉類，以單手一邊旋轉大碗、一邊以橡膠刮刀自底下往上翻出，整體攪拌20～25次。還殘留一點粉感也OK。
6. 刮落大碗側面及橡膠刮刀上的麵糊，一樣攪拌5～10次。等到沒有粉感、表面有光澤就OK。
7. 將步驟**6**的麵糊放入模型當中，在檯面上敲2～3次，讓麵糊變得平坦，放入預熱的烤箱中烤50分鐘左右。
8. 等到表面呈現淡金黃色、用竹籤戳下去不會沾到任何東西就完成了。敲打磨型側面2～3次之後翻過來拿起模型，放在網架上趁熱時以刷子將蘭姆酒刷在蛋糕表面上。馬上用保鮮膜包起，靜置冷卻。
9. 等到步驟**8**的蛋糕冷卻後，撕下保鮮膜，以刷子刷上杏子果醬，放上喜愛的水果乾、適量掰成大塊的核桃、適量對半切開的糖漬櫻桃、適量切成斜片的糖漬菜莖後，以茶篩灑上糖粉。

note

- 這是以聖誕節為概念做成的華麗蛋糕。裝飾用的水果乾和香料漬水果乾種類一樣也OK。
- 相同分量可以使用18cm磅蛋糕模型製作。使用直徑14cm圓蛋糕模型的話，麵糊會稍微滿出來，建議使用小鍋來分裝（詳細請參考P.95）。

蘋果蛋糕

蘋果是代表冬季的水果。
加熱以後
就非常適合用來搭配甜點。

紅酒蘋果［Q］ 

【材料與事前準備】18cm磅蛋糕一個量

紅酒蘋果
- 蘋果…1個（200g）
- 細砂糖…60g
- 紅酒…25g＋20g
- 檸檬果汁…1又1/2大匙
- 肉桂粉…1小匙

發酵奶油（無鹽款）…105g
＞靜置至常溫

蔗糖…105g

雞蛋…2個量（100g）
＞靜置至常溫、以叉子打散

A
- 低筋麵粉…90g
- 榛果粉…15g
- 肉桂粉…1/3小匙
- 發粉…1/4小匙

＞混合後過篩

榛果（已烘烤）…15g
＞對半切開

白蘭地…20g

＊在模型中鋪好烤盤紙。→P.8
＊在適當的時間先將烤箱預熱至180℃。

note

- 蘋果可以使用紅玉或者富士這類烹煮後也不容易鬆散的類型。
- 肉桂及榛果豐裕的香氣能夠讓紅酒蘋果的美味更上一層樓。
- 榛果粉也可以使用杏仁粉代替。

【製作方式】

1. 製作紅酒蘋果。蘋果削皮後切成八片，然後再橫向切為1cm厚。將蘋果、細砂糖、紅酒25g、檸檬果汁都放進小鍋當中，以中火熬煮並不時攪拌。等到細砂糖融化且收乾以後，再添加紅酒20g及肉桂粉。慢慢收到快乾而有濃稠度ⓐ，就移到耐熱大碗中靜置冷卻，然後稍微瀝乾。
2. 與P.11「基本麵糊①磅蛋糕」步驟1～7相同。但是步驟1中以蔗糖取代細砂糖。步驟4在添加A粉類以前先放入步驟1的紅酒蘋果，用橡膠刮刀稍微攪拌一下。步驟6讓麵糊中央凹陷後灑上榛果，烘焙時間大約是45分鐘。步驟7放到網架上以後，趁熱以刷子將白蘭地刷在蛋糕上面及側面，立即用保鮮膜包起，靜置冷卻。

蘋果翻轉蛋糕［G］ 

【材料與事前準備】18cm磅蛋糕一個量

焦糖
- 細砂糖…40g
- 水…1大匙

蘋果…1個（200g）
＞削皮之後切為4塊，縱切為3cm厚。放在耐熱盤上包好保鮮膜，以微波爐加熱2分鐘左右。

雞蛋…1個量（50g）

蔗糖…35g

A
- 低筋麵粉…30g
- 杏仁粉…10g
- 發粉…少許

＞混合後過篩

發酵奶油（無鹽款）…30g
＞隔水加熱融化

＊在模型中鋪好烤盤紙（但是步驟**3**時不要剪開，將四角向內摺入ⓐ）。→P.8

＊在適當的時間先將烤箱預熱至170℃。

note

・翻轉蘋果派風格蛋糕。蘋果建議使用紅玉或者富士。

【製作方式】

1. 製作焦糖。將細砂糖與水放入小鍋當中，先不要翻動，以中火加熱。等到細砂糖融化一半左右，就繞動鍋子使糖漿流滿整個鍋底來加熱至完全融化。等到糖漿成為淡焦糖色後，就以木刮刀攪拌整體，直到成為濃焦糖色就倒進放在網架上的模型中，鋪滿整體後冷卻。
2. 將蘋果靠果核的部分朝上錯開排列ⓑ。第二層一樣錯開但稍微改變方向來排列，一直排到蘋果用完為止。小片的蘋果最後用來調整厚薄不同處，輕壓使其平整。
3. 將雞蛋與蔗糖放入大碗中，使用攪拌機但不打開電動開關，輕輕攪拌。以高速攪拌3分左右使蛋液飽含空氣，最後再以低速打1分鐘左右使其均勻。
4. 添加A粉類，以單手一邊旋轉大碗、一邊以橡膠刮刀自底下往上翻出，整體攪拌10次左右。還殘留一點粉感也OK。
5. 將奶油分2～3次以橡膠刮刀流入大碗當中，每次倒入都攪拌5～10次。等到沒有粉感、表面有光澤就OK。
6. 將步驟**5**的材料放入步驟**2**的模型當中，在檯面上敲2～3次釋出多餘空氣，放入預熱的烤箱中烤30～35分鐘。
7. 等到裂縫呈現淡金黃色、用竹籤戳下去不會沾到任何東西就完成了。將整個模型放在網架上，完全冷卻後再倒過來從模型中取出。

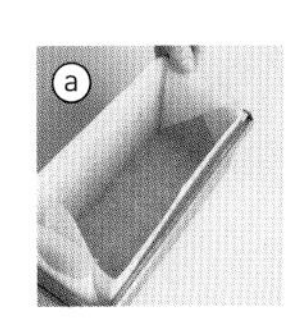
ⓐ

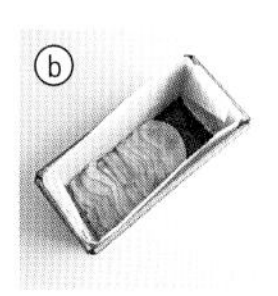
ⓑ

甘甜蔬菜蛋糕

蔬菜其實也非常甘甜。
將其提升到最大，
做出有著溫和甜度的磅蛋糕。

紅蘿蔔蛋糕 [H]

【材料與事前準備】直徑15cm圓形模型一個量

雞蛋…2個量（100g）
> 靜置至常溫

沙拉油…100g

蔗糖…90g

牛奶…40g

紅蘿蔔…90g
> 使用削刀磨成短絲ⓐ

葡萄乾…30g
> 淋上熱水後以廚房紙巾擦乾

核桃（已烘烤）…20g
> 掰成大塊

椰子片…25g＋適量

A
- 低筋麵粉…130g
- 肉桂粉…3/4小匙
- 棗子粉…1/2小匙
- 發粉…3/4小匙
- 碳酸氫鈉…1/2小匙

> 混合後過篩

糖膜
- 酸奶油…150g
- 糖粉…15g

＊在模型中鋪好烤盤紙。→P.9
＊在適當的時間先將烤箱預熱至180℃。

【製作方式】

1 將雞蛋與沙拉油放入大碗中，使用打蛋器穩定攪拌到兩者均勻為止。
2 加入蔗糖，不斷攪拌到有黏性且沒有蔗糖的顆粒感。
3 添加牛奶，快速混勻。
4 加入紅蘿蔔、葡萄乾、核桃、椰子片25g之後以橡膠刮刀輕輕攪拌。
5 添加A粉類，以單手一邊旋轉大碗、一邊以橡膠刮刀自底下往上翻出，整體攪拌20次左右。等到沒有粉感、表面有光澤就OK。
6 將步驟5的麵糊倒入模型當中，在檯面上敲2～3次排出多餘空氣，放入預熱的烤箱中烤40分鐘左右。
7 等到表面呈現淡金黃色、用竹籤戳下去不會沾到任何東西就完成了。將整個模型放在網架上等到完全冷卻後，再連同烤盤紙一起取出。
8 製作糖膜。將酸奶油放入大碗中，以橡膠刮刀攪拌至硬度均勻。將糖粉以茶篩分2次左右篩入，每次都仔細攪拌至完全均勻。
9 將步驟8的糖膜放在步驟7的蛋糕上，以抹刀等工具抹開為均一厚度ⓑ，灑上適量椰子片。

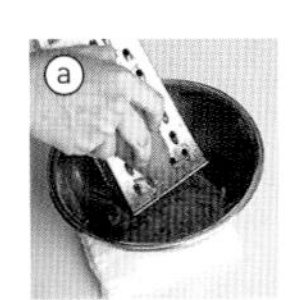
ⓐ

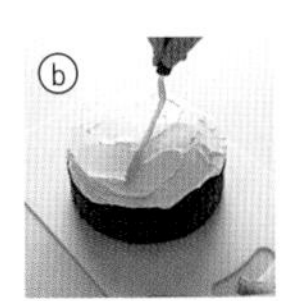
ⓑ

note

- 能夠感受到紅蘿蔔自然甘甜的麵糊與酸奶油糖膜是王者組合。稍微冷卻之後會比較好切開。
- 麵糊是「基本麵糊③油麵糊」的變形。添加的順序不太一樣、也不使用攪拌機。
- 抹糖膜的時候也可以使用餐刀或者湯匙等來取代抹刀。

蜂蜜地瓜 [Q]

【材料與事前準備】18cm磅蛋糕一個量

發酵奶油（無鹽款）…105g
> 靜置至常溫

細砂糖…65g

鹽…1撮

蜂蜜…30g

雞蛋…2個量（100g）
> 靜置至常溫、以叉子打散

地瓜（已剝皮）…100g
> 切為1cm塊狀後過水，瀝乾後放入耐熱容器當中，包上保鮮膜以微波爐加熱2分30秒左右。

A
- 低筋麵粉…105g
- 發粉…1/4小匙

> 混合後過篩

粗糖…10g

＊在模型中鋪好烤盤紙。→P.8
＊在適當的時間先將烤箱預熱至180℃。

粗糖

結晶大顆、略帶黃色的砂糖。甜味非常清爽。由於添加了焦糖，因此有著獨特的風味與濃郁感。

【製作方式】

1 與P.11「基本麵糊①磅蛋糕」步驟1～7相同。但是步驟1中除了奶油及細砂糖以外，要將鹽也添加進去。步驟2攪拌後加入蜂蜜，再以高速攪拌10～20秒。步驟4在添加A粉類前加入地瓜，以橡膠刮刀大致上攪拌一下。步驟6在整平麵糊以後，灑上粗糖（不需要弄凹中央）。烘焙時間大約是40分鐘左右。

note

- 添加蜂蜜能讓麵糊濕潤、有蜂蜜蛋糕的感覺。粗糖那脆脆的口感點綴其中。

抹茶甜納豆 [G] 

【材料與事前準備】18cm磅蛋糕一個量

發酵奶油（無鹽款）…80g
雞蛋…2個量（100g）
細砂糖…80g

A
- 低筋麵粉…80g
- 抹茶粉…1大匙
- 發粉…1/4小匙

＞混合後過篩

甜納豆（黑豆）…80g
＞灑上1/2小匙低筋麵粉稍微混在一起

＊準備隔水加熱用的熱水（約70℃）。
＊在模型中鋪好烤盤紙。→P.8
＊在適當的時間先將烤箱預熱至170℃。

甜納豆（黑豆）
將豆類煮成甜口味再灑上砂糖後使其風乾的糖漬點心。這份食譜中我使用黑豆，但也可依個人喜好選擇。

【製作方式】

1. 將奶油放入大碗中，隔水加熱融化，然後從熱水當中取出放在一旁（在步驟2將蛋液大碗隔水加熱完以後要再次隔水加熱）。
2. 將雞蛋與細砂糖放入另一個大碗中，使用攪拌機但不打開電動開關，輕輕攪拌。然後一邊隔水加熱、一邊以低速攪拌約20秒左右，之後從熱水中取出。然後以高速攪拌2分～2分30秒左右使蛋液飽含空氣，最後再以低速打1分鐘左右使其均勻。
3. 添加A粉類，以單手一邊旋轉大碗、一邊以橡膠刮刀自底下往上翻出，整體攪拌20次左右。還殘留一點粉感也OK。
4. 將步驟1的奶油分5～6次以橡膠刮刀流入大碗當中，每次倒入都攪拌5～10次。等到沒有粉感、表面有光澤就加入甜納豆，大動作攪拌5次左右。
5. 將步驟4的材料放入模型當中，在檯面上敲2～3次釋出多餘空氣，放入預熱的烤箱中烤30～35分鐘。中途在過了10分鐘左右時，以沾了水的刀子在中央劃一道。
6. 等到裂縫呈現淡金黃色、用竹籤戳下去不會沾到任何東西就完成了。敲打模型底部2～3次之後連同烤盤紙一起從模型中取出，放在網架上冷卻。

note
- 甜納豆的甜味能更加凸顯出抹茶的微苦。是與日本茶非常搭調的風味。
- 抹茶粉會因為油分而容易在麵糊中沉澱，因此雖然是海綿蛋糕，還是稍微使用一些發粉。

白味噌松風風味蛋糕 [H] 

【材料與事前準備】18cm磅蛋糕一個量

雞蛋…2個量（100g）
　> 靜置至常溫
細砂糖…80g
沙拉油…50g
白味噌…50g
A「低筋麵粉…100g
　└ 發粉…1/2小匙
　> 混合後過篩
牛奶…20g
烘焙白芝麻…15g

＊在模型中鋪好烤盤紙。→P.8
＊在適當的時間先將烤箱預熱至180℃。

白味噌

使用較多米麴、較少鹽分製作成，帶有強烈甜味的味噌。最有名的是西京味噌。經常用來做涼拌菜或者西京漬等。

【製作方式】

1 將雞蛋與細砂糖放入大碗中，使用攪拌機但不打開電動開關，輕輕攪拌後以高速攪拌1分鐘左右。
2 將沙拉油分4～5次加入，每次都以攪拌機高速攪拌10秒鐘左右。
3 將白味噌放在另一個大碗中，添加1/5量的步驟**2**材料ⓐ，以攪拌機低速攪拌10秒左右使其稍微均勻。
4 將步驟**3**的材料全部放回步驟**2**的大碗當中ⓑ，以低速攪拌1分鐘左右調整均勻度。
5 添加A粉類，以單手一邊旋轉大碗、一邊以橡膠刮刀自底下往上翻出，整體攪拌20次左右。還殘留一點粉感也OK。

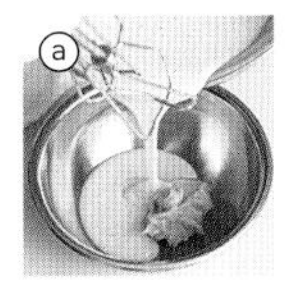

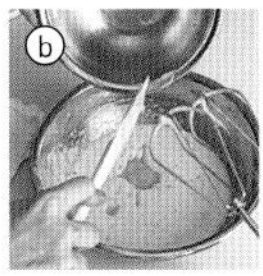

6 將牛奶分2～3次以橡膠刮刀流入，每次倒入牛奶都攪拌5次左右，最後再攪拌5次。等到沒有粉感、表面有光澤就OK。
7 將步驟**6**的麵糊倒入模型當中，在檯面上敲2～3次排出多餘空氣，灑上芝麻後放入預熱的烤箱中烤30～35分鐘。中途在過了10分鐘左右時，以沾了水的刀子在中央劃一道。
8 等到裂縫呈現淡金黃色、用竹籤戳下去不會沾到任何東西就完成了。敲打模型底部2～3次之後，連同烤盤紙一起從模型中取出，放在網架上冷卻。

note

・以和菓子中的味噌松風為概念製成的蛋糕。由於添加了味噌，因此麵糊會變得黏稠濕潤。
・用來裝飾的芝麻，若將黑白芝麻混在一起也非常可愛。

冬季鹹蛋糕

這個時期有許多與他人相聚的機會，
招待他人的時候，簡單又可多人分享的
鹹蛋糕正好派上用場。

火上鍋風味［S］
>P.92

甜椒雞肉［S］
>P.93

西班牙香腸
與無花果乾［S］
>P.92

火上鍋風味［S］ 

【材料與事前準備】18cm磅蛋糕一個量

雞蛋…2個量（100g）
　＞靜置至常溫

沙拉油…60g

牛奶…50g

起司粉…30g

維也納香腸…60g
　＞以熱水煮1分鐘左右瀝乾，切為寬1cm。

馬鈴薯…50g
　＞切為1.5cm塊狀後過水、瀝乾

紅蘿蔔…50g
　＞切為1.5cm塊狀。放入加了少許鹽巴的熱水中與馬鈴薯一起煮5～6分鐘後瀝乾冷卻。

芥末粒…1大匙

A
- 低筋麵粉…100g
- 發粉…1小匙
- 鹽…1/4小匙
- 粗磨黑胡椒…少許

　＞混合後過篩

＊在模型中鋪好烤盤紙。→P.8

＊在適當的時間先將烤箱預熱至180℃。

【製作方式】

1 將雞蛋與沙拉油放入大碗當中，以打蛋器攪拌至兩者完全均勻。添加牛奶並攪拌均勻。

2 將起司粉、香腸、馬鈴薯、紅蘿蔔、芥末粒也添加進去，以長筷輕輕攪拌。

3 添加A粉類，以單手一邊旋轉大碗、一邊以長筷自底下往上翻出，整體攪拌15～20次。以橡膠刮刀刮落大碗側面的麵糊，一樣攪拌1～2次，還殘留一點粉感也OK。

4 將步驟**3**的麵糊倒入模型當中，在檯面上敲2～3次排出多餘空氣，以橡膠刮刀稍微整平表面。放入預熱的烤箱中烤30～35分鐘。

5 表面呈現淡金色、以竹籤戳入不會沾到東西就完成了。將整個模型放在網架上，等到不燙以後再連同烤盤紙整個取出冷卻。

note

・以火上鍋為概念做成的蛋糕。口味的重點在於芥末粒的微酸味。
・非常有份量，也很適合用來做為早餐或早午餐。

西班牙香腸與無花果乾［S］ 

【材料與事前準備】18cm磅蛋糕一個量

雞蛋…2個量（100g）
　＞靜置至常溫

沙拉油…60g

牛奶…50g

格呂耶爾起司（切絲款）…30g

西班牙香腸…80g
　＞以熱水煮1分鐘左右後瀝乾、切為寬1cm。

無花果乾…40g
　＞泡在熱水裡5分鐘左右使表面軟化，以廚房紙巾擦乾後切成大塊。

A
- 低筋麵粉…100g
- 發粉…1小匙
- 鹽…1/4小匙
- 粗磨黑胡椒…少許

　＞混合後過篩

＊在模型中鋪好烤盤紙。→P.8

＊在適當的時間先將烤箱預熱至180℃。

西班牙香腸

是西班牙一種半風乾的香腸。原料是切成大塊的豬肉，辣椒等香料會帶出辛辣風味。

【製作方式】

1 與上述「火上鍋風」步驟**1～5**相同。但是步驟**2**當中以格呂耶爾起司、西班牙香腸、無花果取代起司粉、香腸、馬鈴薯、紅蘿蔔、芥末粒。

note

・由於加入微辣的西班牙香腸，因此很適合搭配啤酒或紅酒。

甜椒雞肉［S］

【材料與事前準備】18cm磅蛋糕一個量

雞蛋…2個量（100g）
> 靜置至常溫

沙拉油…60g

牛奶…50g

起司粉…30g

雞胸肉…2條（100g）
> 放入加了少許鹽巴的熱水當中，重新沸騰後關火、蓋上鍋蓋燜8分鐘左右。瀝乾後冷卻，去除筋的同時切為容易食用的大小。

炒甜椒
- 沙拉油…1小匙
- 甜椒…40g
  > 切為8mm方形
- 洋蔥…1/4個
  > 剁碎

> 以中火加熱平底鍋中的沙拉油，拌炒甜椒及洋蔥。軟化後放在托盤上冷卻。

粉紅胡椒…1小匙

A
- 低筋麵粉…100g
- 發粉…1小匙
- 鹽…1/4小匙

> 混合後過篩

＊在模型中鋪好烤盤紙。→P.8

＊在適當的時間先將烤箱預熱至180℃。

【製作方式】

1 將雞蛋與沙拉油放入大碗當中，以打蛋器攪拌至兩者完全均勻。添加牛奶並攪拌均勻。

2 將起司粉、雞胸肉、炒甜椒也添加進去，然後捏碎粉紅胡椒加入，以長筷輕輕攪拌。

3 添加A粉類，以單手一邊旋轉大碗、一邊以長筷自底下往上翻出，整體攪拌15～20次。以橡膠刮刀刮落大碗側面的麵糊，一樣攪拌1～2次，還殘留一點粉感也OK。

4 將步驟3的麵糊倒入模型當中，在檯面上敲2～3次排出多餘空氣，以橡膠刮刀稍微整平表面。放入預熱的烤箱中烤30～35分鐘。

5 表面呈現淡金色、以竹籤戳入不會沾到東西就完成了。將整個模型放在網架上，等到不燙以後再連同烤盤紙整個取出冷卻。

粉紅胡椒

將胡椒木果實乾燥後製成的產品。與一般的胡椒味道相異。特徵是有著清爽香氣。

note

- 粉紅胡椒能為平淡的雞肉口味帶來變化，色彩上也更美麗。
- 由於加了粉紅胡椒，所以在A粉類當中就不加粗磨黑胡椒了。

Foire aux questions

常見問題

Q　磅蛋糕大約可以保存多久呢？

A　磅蛋糕一星期；其他大概3天左右。

基本上在完全冷卻後要用保鮮膜包起來，保存在低溫陰暗場所或者冰箱冷藏庫當中。也可以直接包著保鮮膜切片。食用時間大致上來說「基本麵糊①磅蛋糕」是一星期左右。如果烤好之後有塗抹利口酒的能放更久一些，大概是10天左右也沒問題。這種麵糊放久了以後口味會更加穩定，能夠享受不同的美味。其他麵糊則最好盡快食用比較好吃，大概是2～3天左右。

但是「基本麵糊④鹹蛋糕」不能放在低溫陰暗處，請一定要放在冰箱裡。其他麵糊如果材料當中使用了新鮮水果的話，也放在冰箱保存會比較好。

所有麵糊種類都可以冷凍。在包保鮮膜之前的步驟都相同，包好保鮮膜以後再放進冷凍用的夾鏈保存袋中。放在冷凍庫裡冷凍。這樣可食用時間大約是2星期左右。

在享用以前請將蛋糕放在室溫當中使其恢復為室溫。鹹蛋糕可以放進預熱至170˚C的烤箱當中再烤10分鐘就會很美味。

Q　發酵奶油和普通的奶油有何不同？

A　這是添加了乳酸菌製作的奶油。風味強烈，適合做烘焙點心。

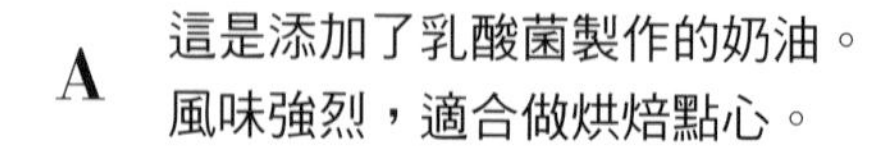

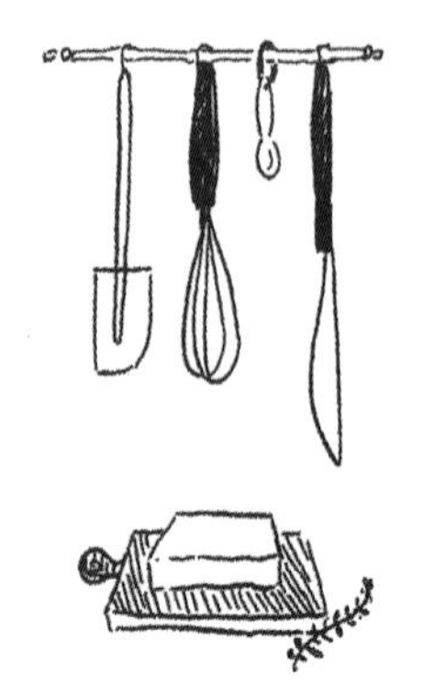

這是添加了乳酸菌後使其發酵製成的奶油。由於經過發酵，風味會更加強烈、也更濃郁。非常適合用來製作奶油風味鮮明的磅蛋糕，希望大家務必使用這種奶油來製作磅蛋糕。四葉、明治乳業、森永乳業和可爾必思等品牌都有販售，風味也各有所長，請找出自己喜歡的類型。順帶一提本書當中我使用的是明治的產品。

不過這和普通奶油相比，畢竟價格還是比較高，因此也不強制大家一定要使用發酵奶油。另外，如果喜歡口味清淡一些，那麼也可以使用普通奶油。

Q 在「基本麵糊①磅蛋糕」當中，攪拌雞蛋的時候，
沒辦法好好調合、一直分離。
該如何是好呢？

A 先加入一部分粉類讓它們融合。

如果像照片ⓐ這樣，無法融合在一起、材料分離的話，最後會烤出口感很糟的麵團。如果發生這種狀況的時候，就在這個步驟之後先添加一部分低筋麵粉（大概是滿的一大湯匙左右）ⓑ，在攪拌機開關不打開的情況下輕輕攪拌在一起。這樣麵粉可以吸收分離的水分，讓整體變得比較均勻。如果這樣還是分離的話，那就再加一匙低筋麵粉下去攪拌。

如果只是稍微分離，那麼可以將大碗底部放在火爐上1秒左右加熱再攪拌，這樣也可以比較順利融合。

ⓐ

ⓑ

Q 麵糊大概可以倒進模型當中到多滿？
另外，如果滿出來的話應該如何是好？

A 大概八分滿左右。如果會滿出來的話請分裝到小鍋中。

舉例來說一樣都是「18cm磅蛋糕」，不同廠商的模型尺寸還是會不太一樣大，不過只要麵糊維持在模型的八分滿就沒有問題。

如果比八分滿還要多，畢竟麵糊烘焙以後會膨脹，這樣可能會從模型中跑出來。這樣的話請將多餘的麵糊裝進鋪了烤盤紙的小鍋或者布丁模型當中，烤成小的蛋糕。如果是裝在小模型裡面，烘焙時間會短非常多。還請觀看蛋糕狀態，適時取出。

PROFILE

高石紀子（Takaishi Noriko）

點心研究家。在巴黎藍帶廚藝學校神戶分校取得文憑後前往法國。在Ritz Escof fier學習、並於Ritz Hotel、BléSucre等名店實習。回國後開辦法國點心料理教室、針對服裝連鎖店的外燴服務、通訊銷售等服務。擅長使用水果的精巧糕餅，追求甜味溫和易食用、不會感到膩口的美味甜點。著作有「365日のクッキー」、（主婦と生活社出版 http://norikotakaishi.com）、《風靡巴黎の新口感磅蛋糕》（海濱）、《綿密香濃法式布蕾&酥鬆圓潤法式芙朗塔》（邦聯文化）

TITLE

365 日輕食感溫甜磅蛋糕

STAFF

出版	瑞昇文化事業股份有限公司
作著	高石紀子
譯者	黃詩婷
總編輯	郭湘齡
責任編輯	張聿雯
文字編輯	蕭妤秦
美術編輯	許菩真
排版	二次方數位設計　翁慧玲
製版	明宏彩色照相製版有限公司
印刷	桂林彩色印刷股份有限公司
法律顧問	立勤國際法律事務所　黃沛聲律師
戶名	瑞昇文化事業股份有限公司
劃撥帳號	19598343
地址	新北市中和區景平路464巷2弄1-4號
電話	(02)2945-3191
傳真	(02)2945-3190
網址	www.rising-books.com.tw
Mail	deepblue@rising-books.com.tw
本版日期	2021年8月
定價	320元

ORIGINAL JAPANESE EDITION STAFF

調理補助	大見直央　佐々木ちひろ 福田淳子　山下弥生
撮影	三木麻奈
スタイリング	佐々木カナコ
デザイン	川村よしえ（otome-graph.）
文	佐藤友恵
校閲	安藤尚子　河野久美子
編集	小田真一
撮影協力	UTUWA http://www.awabees.com 東京都渋谷区千駄ヶ谷3-50-11 明星ビルディング1F

國家圖書館出版品預行編目資料

365日輕食感溫甜磅蛋糕 = Les cakes pour 365 jours/高石紀子作；黃詩婷譯. -- 初版. -- 新北市：瑞昇文化事業股份有限公司, 2021.02
96面；18.2X25.7公分
ISBN 978-986-401-473-6(平裝)
1.點心食譜

427.16　　110000804

365 NICHI NO POUND CAKE

Originally published in Japan in 2019 by SHUFU TO SEIKATSUSHA CO.,LTD.
Chinese translation rights arranged through DAIKOUSHA INC.,KAWAGOE.